suncolor

suncolor

TIMEBOXING

箱型時間

高速時代的15分鐘深度專注力

馬克・曹-山德斯
Marc Zao-Sanders ／著
趙盛慈 ／譯

suncolor
三采文化

獻給媽媽，感謝關於你的一切。

我們所必須決定的只有，
在擁有的時間內，該做些什麼。

——甘道夫（Gandalf）
《魔戒》人物

箱型時間

約 92000 字

約 226 分鐘

#意圖 #主動性 #內心的寧靜
#冷靜 #自由 #不堪負荷
#專注 #正念 #深度思考
#心流 #合作 #規劃
#信任 #待辦清單 #行事曆
#交付 #兔子洞 #習慣
#休息 #睡眠 #高層次力量
#一件事 #簡單

目錄

CONTENTS

Part 2／計劃

Part 3／行動

Part 4／內化

序

落拓不羈的工作和生活方式無法滿足內心渴望，造就由我們自己選擇和珍視的人生。本書介紹能夠帶領我們邁向如此人生的——「箱型時間」。

為什麼我要寫這本書？

我在大約二十年前踏入這行，當時我的控管能力極差——我對所有命令照單全收，誰喊得最大聲，就聽誰的。我會寫待辦清單，但是對如何排定優先順序毫無概念。最後，我犯了基本錯誤，沒有完成最急迫的工作，經常被否定和責備。難過了幾個月後，我想出一套簡單的做法，稱為「每日工作計畫」。我從待辦清單挑出優先任務，將其貼進電子試算表，以七．五小時為基本單位，來預估處理每件任務需要多久時間（是十五分鐘、三十分鐘，還是一小時），並在完成之後勾掉該任務。

情況改善很多。我順利完成重要任務，一邊執行，一邊調整。我感覺掌控度更高、更有成就感（電子試算表會計算我每天發揮幾小時生產力），而且建立起一套可以搜尋的每日活動數位紀錄。

但這套做法還是不夠完美。我必須想辦法讓電子試算表和會議這類現有任務銜接起來。那是二〇〇〇年代初期的事，Dropbox 和 Google 雲端硬碟尚未問世，同事們無法存取我的檔案，我當然也不可能邀請別人查看我某項任務的背後細節。最重要的是，如果不用心控制和管理，電子試算表上的任務無法與時間產生連結。我的意思是：我搞不清楚哪個時候該做什麼事，也不清楚自己是否在進度上。

略早於十年前，我在《哈佛商業評論》（Harvard Business Review）偶然讀到丹尼爾．馬可維茲（Daniel Markovitz）的文章，得知將待辦清單移至行事曆上，有助大幅提高生產力。馬可維茲指出，待辦清單令人眼花撩亂、難以排定優先順序、缺乏背景資訊，而且無法敦促使用者投入任務，而共享行事曆能夠解決所有問題，我讀了很有共鳴。於是，二〇一四年初，我開始每天執行這套方法，就這樣認識了「箱型時間」。我每天早上會先花十五分鐘決定，當天要花多久時間、做哪些事，並將這些事項寫進 Google 日曆。

這麼做改變了一切。

我更能掌握所有的事。我知道自己在做什麼，有信心把注意力放在對的事情上。我能夠更準確預估任務完成的時間，因此可以提出理由，有自信地拒絕或接受新工作。在我感覺不確定或壓力很大時，我會用「回去看行事曆」來判斷。它在我需要的時候，不斷地為我提供指引。創業之初，我便期許自己當個公開透明，可為同事提供幫助的執行長。箱型時間提供了公開的共享紀錄，每一位團隊成員都能夠看見，我已經完成和正在處理的任務，並幫助我達成這兩項目標。

我愈做愈上手。回顧這十年以來的行事曆紀錄，我看見，我在執行箱型時間期間，這套方法讓我出現令人放心、深具啟發性的變化，包括：工作日的未利用時段減少；時間箱大小愈趨固定；時間箱的標題辨識度更高、提供更多幫助；我甚至開始用不同顏色標示時間箱，一眼便能看出不同的生活領域花了我多少時間。而且我發現，這套系統化的辦法，也適用於工作外的生活，我將愈來愈多非工作行程排入時間箱，它真的改變了一切。

這套方法在我睡眠以外的清醒時間，大幅影響了我做的事、我做事的時間和方式。它是一套不可或缺的方法。

我在執行這套新生活方式五年後，愈來愈沉浸其中，腦中興起一股想要分享給大眾的念頭。於是，我在《哈佛商業評論》上寫了一篇這個主題的文章。這階段的我已實踐箱型時間好幾年，我觀察到箱型時間還有更多深具威力的優點，包括：從顏色一眼看出計畫間的彼此關係、讓其他人看見我在什麼時間做什麼、針對做過的事產出紀錄、實際掌控並感覺事情掌握於己，以及單純地更快完成工作。

這篇文章蟬聯《哈佛商業評論》最受歡迎文章排行榜數年，許多讀者因此直接寫信聯絡我。大部分讀者只是告訴我，他們很有共鳴，也想要嘗試看看。有些人說，他們採行這套方法一陣子了，很高興知道這套方法有名字。還有一位單親爸爸告訴我，這套方法幫助他度過困頓的日子，連馬可維茲本人也聯絡我！好多人都來詢問如何執行這套方法。

箱型時間不只在《哈佛商業評論》廣受好評。二〇二二年，抖音創作者（timeboxmedia[1]）拍了一支影片，提倡這方法的好處，並且特別推薦我的文章，幾週內就累積破千萬的觀看次數。這支影片獲得的熱烈迴響進一步證明，人們對箱型時間可以帶來的好處深感興趣。

我知道，有數十萬名的高階經理人，聘請個人助理替他們每天製作時間箱、管理行事曆，幫助他們增加產能、提升安心感和幸福感。卡爾·榮格（Carl Jung）、愛因斯坦、比爾·蓋茲、瑪麗·卡拉漢·歐朵斯（Mary Callahan Erdoes），許多世界級的偉大成就者，都在採用某種版本的箱型時間。

從Z世代抖音創作者、忙碌的父母、企業高階主管，到世界級領袖與反傳統人士，箱型時間廣受各個領域人們的歡迎。

每天早上有十億名左右的知識工作者從床上醒來，被吸引到由像素構成的螢幕前面，花八小時以上的時間處理各種訊息。這是一項無止境的工作，必須不停地在不同的任務間做選擇。除此之外，我們還有更多工作外的任務和責任，每件事的輕重緩急和重要程度都不一樣，需要想辦法並置和塞入行程。

因此，不論哪一刻，我們都面臨眾多不容小覷的選擇，承受各式各樣的壓力。隨時有太多可以選擇的事情，讓我們疲憊不堪，降低我們做正確決定的能力。我們害怕錯失社群媒體上，任何「看似可以」抓住的事物。潛伏在暗處的演算法，決定了現代人大部分的生活品質。當我們好不容易掙脫了，總是不請自來的通知功能，又把我們拉回到演算法的魔掌裡。我們從未預留空間給好的習慣和做法，以創造真正渴望的事物；其實我們真正想要的是自我發展、事業成功、帶來滿足感的人際關係、健康的身體，簡而言之，就是有意識地過快樂的生活。

這件事使得許多人產生不必要的困惑、迷惘、疲憊、焦慮，甚至憂鬱。這就是地球上享受最多特權的人的現況。

1 https://www.tiktok.com/@timeboxmedia

有鑑於此，市面上出現數以千計，談論生產力和時間管理的書籍與文章，分別從習慣、檢查表、注意力、心流、精力、優先順序、少即多的優勢、克服拖延的方法、心理健康和精神性等不同角度出發，並與其他書籍文章在某些部分有所重疊。許多書籍提供了威力強大的方法，大受消費者青睞，包括：《深度工作力》（*Deep Work*）、《專注力協定》（*Indistractable*）、《人生4千個禮拜》（*Four Thousand Weeks*）、《成功人士的十五個時間管理祕訣》（*15 Secrets Successful People Know about Time Management*，暫譯）、《時間管理，吃了那隻青蛙》（*Eat That Frog!*）和《原子習慣》（*Atomic Habits*），這些只是其中幾例。

但是這些書籍都沒有針對箱型時間提供完整的指引。舉例來說，上述六本暢銷書都認同箱型時間以及它的驚人成效，但只在少少的幾段或幾頁提到。

所以我想，我有責任藉由這個機會，向更多人介紹這套方法與心態。本書將向你證明，作為時間管理的基礎，箱型時間是一套可即時派上用場的成熟方法，它能幫助數十億人，從日常生活以小時為單位的各種選擇當中解脫。

箱型時間，隨時可以上場幫助你。

為什麼你需要讀這本書？

讓我猜猜。

你很忙碌；你經常壓力大到喘不過氣；你每天花很多時間，面對螢幕、接觸數位資訊；你擁有並使用許多將你綁在數位世界的3C裝置；你才起床沒幾分鐘就查看手機；你睡覺時，手機整晚放在身邊充電；你的日程安排充滿變數，也許你可以彈性安排工作地點，或哪個時段要做什麼工作。你希望花更多時間培養技能、學習新知；你常常發現自己一次處理好幾件事，卻不曉得何以如此，而且沒有一件事感覺很好；你覺得電子郵件和訊息總是處理不完，常有未回覆的訊息；你的閱讀量跟理想有落差；你把工作上的煩心事帶回家，將家裡的煩心事帶到職場；你經常感覺到壓力；你沒有如心裡期望的經常陪在你愛的人身邊，即使待在他們身邊也無法全心全意活在當下；你試過好幾種提高生產力的方法都沒有效果，也無法持之以恆；你對工作和生活的失衡感到不滿；你很累；你懷疑社群媒體從你身上帶走的比你得到的多，儘管如此，你仍繼續滑著3C。

你希望可以有更多時間。也許你是：

- 有拖延習慣，無法如期交出作業的學生。
- 要在不同的客戶和工作間周旋，還要開發新案源、培養新技能和自己追發票的自由工作者。
- 有許多自由時間和選項需要調配的遠距工作者。
- 必須調和靈感與藝術表現，在固定期限內，交出明確成果的創意人士。
- 需要為自己或客戶安排訓練項目和飲食控制計畫的運動員、混合健身選手[2]或私人健身教練。
- 需要在工作、家庭及一切取得平衡的爸媽們。
- 得獨自對抗一千種挑戰的單親爸媽。
- 遇到寫作瓶頸的作家。
- 兼顧生計和推動事業的創業家。
- 突然多出許多時間，不太確定該如何運用的退休人士。
- 覺得自己不夠關心案主的客戶經理。
- 經正式診斷患有注意力缺失過動症（ADHD），難以集中注意力的人士。

雖然每個人有不一樣的背景、個性和神經生理構造，但是現代社會特有的全球化、數位化和人際聯繫，使得人類經驗在某種程度上受到限制、變得同質化。我們過著大同小異的生活，遇到的困擾也很類似。

我們都需要一點指引；我們都希望能以可靠的方式連結最好的自己；我們都想要培養更好的習慣；我們都希望在現有的工作和生活方式上追求進步，而不是一百八十度大轉變；我們都在追求一個能夠達成所有目標的簡單方法。

這就是你為什麼要讀這本書的理由。

第三三六頁的全球箱型時間故事證明你並不孤單，透過簡單的方法，就能輕鬆改善問題。這些故事來自全世界各大洲不同職業的人，箱型時間幫助他們生活安穩、更有生產力，而且幫助許多人過快樂生活。他們的故事說明箱型時間的無盡吸引力，希望你能產生共鳴。

2 混合健身的動作組合多變，不限於特定器材，與傳統的健美式訓練相當不同。

如何運用本書？

本書包含四個部分：

- **Part 1 相信**：旨在說服你相信箱型時間的意義、這是有用的辦法，以及它能帶給你改變一生的好處。
- **Part 2 計畫**：幫助你選擇和製作適合的時間箱，其時段通常是執行的前一晚或當天早上。重點在於以關鍵的十五分鐘，決定後續十五小時。
- **Part 3 行動**：說明實際進入時間箱後，如何因應無法預料的意外工作和生活各種情況。
- **Part 4 內化**：鼓勵你堅持執行箱型時間的習慣，並針對工作、休閒、睡眠等三大領域調整做法。這是為了確保你不會只是執行短短幾個月，而是能在往後數年、數十年，持續執行箱型時間。

箱型時間是一種心態與方法，讓你明瞭時間管理的重要性、你可以改變自己的行為，並且了解箱型時間的諸多好處。

換句話說，培養正向態度和相信自己走在對的道路上，是讓你能夠貫徹箱型時間的關鍵——事實上，這是所有重大行為改變的關鍵。〈Part 1 相信〉將協助你培養心態。在你培養出適當的心態後，你會需要簡明扼要的解說，了解各個步驟。〈Part 2 計畫〉和〈Part 3 行動〉會介紹這套方法。最後，你的心態將在〈Part 4 內化〉從「採用」轉換到「反覆修正」。你將學習到如何依照個人需求，打造自己的箱型時間，將這套方法內化至心裡。

這是一本提供實際功效的書，各個篇章皆簡短易讀，最多不超過六千字，相信行程滿檔的人也能輕鬆騰出十分鐘零碎時間讀完。想想看，一章一章地前進，不覺得興奮嗎？只要每天花幾分鐘閱讀，一個月內就能輕鬆讀完全書的二十四章。每一章都附有幫助發揮學習效益的小工具，包括：①章節開頭特別設計關鍵字，帶你預習該章內容，做好準備；②文末的「本章回顧」、「想一想」，前者幫助你複習，後者鼓勵你思考與內文相關的議題。

請跟著閱讀過程試做時間箱。當你能夠將理論與實作結合，就可以從書中和箱型時間收獲更多。剛開始，你可能無法做出完美的時間箱，太大、太小、太多、太少，甚至是滿心的不確定感。但是你很快就會增加信心，倘若你能邊學邊做、邊做邊學，你的時間箱也會被快速改良。〈第4章〉便是以此為主題，但我鼓勵你現在就嘗試行動。你會馬上注意到困難點，並且能從中獲得協助。你將投入沉浸式體驗，不需要任何花俏器材，也不需要任何人協助，就能開始箱型時間，而且第1章提供了快速入門指南。每章開頭所列字數及預估閱讀時間，幫助你更輕鬆製作閱讀本書的時間箱。你沒有理由不這麼做，你甚至現在就可以動手，為「兩分鐘後的閱讀第1章」製作時間箱。如果你不想採納這個建議……請問問自己理由為何。

你將在閱讀、開始使用箱型時間的心態和方法、應用過程中，注意到一連串的轉變：更能掌控工作、主動性變高、精準預估工作時間、隨時答得出「現在該做什麼？」，不再把時間浪費在不重要的空泛活動，並減少衝動行為，因為你會在冷靜清楚思考後，更有意識地付諸行動。

你會把過往無意識浪費掉的時間，用來做真正重要的事，例如：學習實用的語言、重拾荒廢已久的樂器、重學早就想培養的技能、整理雜草叢生的花圃、修復疏遠的人際關係。你將能夠依照想法度過週末和假期。你也許會發現，自己開始和親朋好友，甚至是陌生人討論箱型時間。你不再後悔為何會那樣運用時間。一段時間後，你在短期獲得的好處，將會累積成促使你肯定人生價值、影響一輩子的改變。

你將比我更快熟悉箱型時間。我用十年時間不斷地嘗試、犯錯，才學到這個方法的好處，而你不用一個月就能得到。更棒的是，你將依照自己的所處環境和生活樣貌，開創出屬於自己的一套做法。

我目前經營一間科技公司，除了生活中的緊急狀況，還有各種令人又驚又喜的事務要處理。箱型時間幫助我掌控全局、挑選出需要優先關注的任務，並將注意力集中在那些事情上。回到一**次做一件事，賦予我力量，使我能夠帶著冷靜沉著的心，去面對每一天的忙亂與無數責任**。

我相信這是一套自然且容易上手的方法，它可以幫助你做得更多、感覺更快樂，並且能夠享受自己所選的生活。希望箱型時間能帶給你和我一樣的好處——成為改變你一生的終身指引，並在腳步飛快、紛雜的生活裡，給你極需的平靜與生產力。

PART 1

相信

現在，我要帶你來認識箱型時間，
幫助你培養「改變在何時做何事」的信念與動機。
你即將了解箱型時間的眾多好處，
並且學會如何將其運用於生活。

”

我們思考時手中拿著錶，
甚至會一面吃午餐，一面閱讀股市最新消息。
我們總是覺得自己「彷彿會錯過某些事」。

——尼采（Friedrich Wilhelm Nietzsche）
德國哲學家

“

1

箱型時間就是解答

約 4000 字

約 12 分鐘

#定義 #筋疲力竭
#錯失恐懼症（FOMO）
#主動性 #意圖
#方法 #心態

什麼是箱型時間？

「箱型時間」經常被人誤以為和其他時間管理法差不多，包括：時間方塊（time-blocking）、時間排程、每日工作規劃、一心專用、行事曆管理、時間表安排。

市面上有各式各樣截然不同、部分重疊卻不完全一致的箱型時間定義。那些定義各有所缺，加在一起也無法完整地為其做詮釋。我認為，箱型時間的定義如下：

> 每天，在各種干擾因素出現前，先選定打算要做的事，將每一項任務明確寫進行事曆，包括開始與結束時間。一次專心做一件事，完成至可接受（而非完美）的標準。

上述定義涵蓋了箱型時間最重要的元素：**意圖**、**專注**、**成果**、**順序**、**完成**，以及**時間箱的製作**。它也強調：我們應該要在，也只應該在，有能力這麼做的時間點製作時間箱。好比說，在文明社會，人們會慎重委派一群人，由他們在頭腦冷靜、能夠審慎思考的時候，做出一系列決定，訂下可促進人類社會長治久安的各項規則，如法律、程式碼慣例、住家保險。箱型時間則是將此原則運用在「你」的身上。

另外還有一個不算是定義，但也相當有用的思考方式，就是把箱型時間想成「待辦清單」加上「行事曆」。待辦清單告訴我們該做哪些事情，行事曆告訴我們什麼時候去做。兩者結合，比單獨一項更容易實行，也更管用。

箱型時間與時間方塊法有別；時間方塊法是把做事情的時間分隔開來，而**箱型時間是採用塊狀時間，加上在時間內專心完成時間箱的任務**。換句話說，時間方塊法是「專心做事」，箱型時間則是「專心做事＋明確的結果」。

箱型時間可以解決什麼問題？

箱型時間可解決的問題包括：無法善用時間、拖延症、完成不了的事、即使得空也不覺得自由、過度投入、焦慮。大部分的人都有許多本書前言提及的特質。

現在的人很難妥善運用時間，原因出在：

- 知識工作永無止境。
- 我們總是面臨許多選擇，其中便夾帶著不可選錯的壓力，而我們能夠選的多半都是糟糕的選項，再怎麼選，也只是濫竽充數。
- 社群上各種訊息充斥，我們更清楚其他地方發生的事，引起錯失恐懼（FOMO）。
- 我們把控制權交給演算法和別人，失去許多自由和主動性[3]。
- 人生苦短，如奧利佛·柏克曼（Oliver Burkeman）所說，我們只有四千個禮拜可活。除此之外，與祖父母、孫子女、年邁父母、摯友的相處時光，更是短暫。

不過，該在某一段特定時間做什麼事，這個問題存在已久，長久以來，哲學界努力解開這個問題，從柏拉圖的倫理學，到康德的假言令式（hypothetical imperative），再到存在主義者思考人存在的目的和人活著要做的事。文學小說裡也經常可見它的身影。想一想，卡繆《異鄉人》裡的莫梭（Meursault）、喬治·寇克羅夫（George Cockcroft）的《骰子人》，以及貝克特（Beckett）《等待果陀》裡的哭哭（Gogo）和啼啼（Didi），他們所面臨的困境及其舉動。

生命是由經驗所累積，而身為擁有自由意志的聰明物種，我們有很大程度可選擇自身經驗，其背後道理簡單又有說服力。**好好選擇，你能把人生過好；胡亂選擇，就只能過糟糕的人生**。問題在，我們經常做糟糕選擇；問題在，我們沒有把人生真正過好。

箱型時間最棒的地方

箱型時間有些特色可以看出，這套心態與方法本身極具威力。

我將在第一章介紹箱型時間的特色，並在後續章節提出證據（參見第2章），以及用心執行後的好處（參見第3～8章）。所謂的「特色」指的就是「獨到之處」，代表這套方法的風格，而方法能帶來的「好處」就是它將如何改善你的生活——套用生意人的話，「特色」幫助顧客認識產品，「好處」吸引顧客掏錢。

3 阿道斯・赫胥黎（Aldous Huxley）在一九五八年的影片中主張，科技與人口成長一起削弱了我們的自由。

首先，**箱型時間注重邏輯**，讓我們能有系統地決定生活中最重要的環節，為其列出優先順序，給予適當關注。藉由這麼做，便能確保每一天、每個小時都可以被妥善運用，安排出最恰當的經驗順序。對已經在實行這套方法的我們來說，很難想像怎麼有人「不想」用箱型時間管理法？

箱型時間很自然，它其實是我們日常在做的事情的延伸。我們大概有一半的工作（開會、通勤、團隊工作），以及某些休閒活動（上駕訓課、看電影、按摩、預訂餐廳吃飯）會事先訂好起始時間。假設，你的某一天安排了四小時的工作時間和兩小時的休閒時間，代表你有六個小時有安排，而箱型時間只是在這個基礎上做延伸。在實際運用時，你要檢視清醒時的其他時間（以前面的例子來說，就是剩下的十小時）。這套方法鼓勵你判斷，在這些時間裡有哪些部分可做更好的運用。如果你把它想成：在六小時的基礎上，延伸成八小時、十小時、十二小時，而不是從零開始，你就不會覺得那是令人望之卻步的麻煩習慣。既然你本來就在做時間箱了，就可以運用現有的系統與流程，跟著本書重新檢視及改良。箱型時間並不是全然陌生的方法——不需要在已經固定的做法和已建立習慣的生活中，再強塞新東西。

箱型時間容易執行。把一件事情加入行事曆、設定適當的執行時間，僅僅只是這樣你就已經在執行時間箱了。這裡的訣竅在於選擇最有效的方法，把所有焦點集中、全心投入，盡可能地在實作中學習，以便將來能夠熟練和內化這套方法。

箱型時間可以與其他方法互補。市面上的管理時間方法很多，箱型時間不僅不會與其他方法牴觸，甚至還能支持它們。如果你正在使用艾森豪矩陣（Eisenhower Matrix），將任務依照重要性和急迫性區分成二乘二的矩陣，你可以把最重要、最急迫的任務盡早放進時間箱。如果你相信人應該要「先吃青蛙」（在一天開始就先完成最困難的工作），你可以把那些「青蛙」排到行事曆最前面。如果你認為要優先處理大岩石，再處理小石頭和沙子（安排時以大任務為主，搭配小任務），你可以依照大小輕重安排事情。如果你認同80／20法則（百分之二十的原因，造成百分之八十的結果），你要做的是找出少數重要的事，在行事曆裡，把這些事安排在諸多小事前面。如果你喜歡分區塊，可以先分好區塊，再把區塊做成時間箱。如果你認為生產力和精力有很大的關係，請把創作、日常庶務、飲食、運動、休息，安排在適當的時段。如果你認為飲食營養是提振生產力的重要環節，你可以利用時間箱來自我提醒，什麼時候需要補充哪些點心或飲料。箱型時間具有彈性，是其他時間管理術的好朋友——它是一套統領一切的習慣（但要注意，其他的時間管理術常會互相牴觸。例如：要是當下精神狀況不佳，必須延後處理較大的任務，該如何取捨？或是在要安排行程時，無法兼顧工作的難易度和大小輕重呢？這種無法兩全其美的狀況，可是會經常發生）。

相對來說，大眾對箱型時間所知甚少，上網搜尋「箱型時間」的次數，比搜尋其他時間管理術的次數少很多。舉例來說，「艾森豪矩陣」和「番茄工作法」的搜尋次數是「箱型時間」的好幾倍。

但現在你將成為人數相對較少的「箱型時間採用者」。已經有愈來愈多擁護者看見、享受它的好處，人數正穩定增加，而且它不像賽局理論，需要關鍵少數保守祕密，才能延續價值，箱型時間能使所有相關者受惠。事實上，愈多人製作時間箱，所有人就愈能互相協調、順暢合作（參見第6章）。

了解箱型時間的基本，立即動手實行

如果你能一面閱讀本書內容，一面練習箱型時間，受益將更大。我無法把箱型時間的所有好處統統塞進這裡，但我能告訴你定義以外的基本知識，帶你熟悉它，讓你能從明天，甚至從今天就開始嘗試。你需要抱持正向態度，相信這套方法是有效果的。Part1 的其他章節會有更多能證明箱型時間優點的證據。

最後，這套方法包含了兩個環節：計劃和行動。雖然是 Part2、Part3 才要分享的內容，但我先列舉「計劃」和「行動」分別要做的事：

計劃（當天或之前）

- 在一天當中被各種忙碌事物遮蔽心智、影響判斷力之前，先訂一段時間（十五或三十分鐘），利用此時間來決定，哪些事情最重要、需要完成。
- 將這段時間設為行事曆上（數位行事曆尤佳），每天早上要優先處理的行程或前晚的最後一項行程。記得設定週期性，這樣就不會錯過這個時間。
- 重新檢視待辦清單。如果你沒有寫待辦清單的習慣，那就從現在開始！我們要把待辦清單上的事項排入行事曆，待辦清單寫得愈清楚，箱型時間就執行得愈好。
- 從清單中挑出最重要、最急迫的事項，把它們加進行事曆。盡可能預估每一項任務需要的時間。先別擔心順序，排進去就對了。
- 開始執行，若發生錯誤，會讓你學得更快。剛開始時，你可能會落後或高估任務需要的時間，放心，這很正常。

行動（當天）

- 準時開始執行。
- 排除會令你分心的干擾因素，尤其是智慧型手機。
- 遵守計畫。不要質疑自己或破壞已經做好的決定。除非發生緊急事件，否則先前你在腦袋清楚時所做的規劃，絕對勝過你在混亂一天中受各種狀況影響的判斷。
- 準時結束，把事情搞定，別執意做到完美，你已經很優秀、很好了。
- 目標放在分享完成的時間箱。這樣會產生一股正向的推動力，幫助你完成事情並做到可以分享的程度——這是個很重要的標準，後續你會學到。
- 你可能會分心和偏離軌道。發生這個情況時要有心理準備，請練習回到時間箱、回到你原本的任務上。有了這樣的經驗，干擾因素會變少，時間也會縮短。

「箱型時間」非常適合邊做邊試。每天早上起床，都是試驗、改進、提出質疑和內化的全新機會，不要放過這些機會！你也許會想每兩天來試一次（例如每週一、三、五或每週二、四、六），讓自己慢慢上手。你可以藉此比較有沒有採用箱型時間，在日常生活的差異。但我敢說，你很快就會想在沒有安排時間箱的日子也開始實行。

現在，你應該已經了解何謂箱型時間，以及這套方法「開箱即用」的各項特色。由衷鼓勵你動手製作時間箱，邊做邊學。

接下來幾章，我們將逐一檢視驗證箱型時間管用的證據，以及你能從中獲得的好處。箱型時間本身具備的魅力、優點，將說服你它是非常特別的時間管理方法，不只能提高生產力，甚至可以成為指引生活的最佳良方。

本章回顧

■ 箱型時間可以解決無法善用時間的問題。

■ 箱型時間的重點包括：

- 在每天各種干擾因素出現前，先選定要做的事。
- 將每項任務明確寫進行事曆，包括開始與結束時間。
- 一次專心做一件事。
- 完成至可接受（而非完美）的標準。

■ 某種意義上，箱型時間結合了待辦清單和行事曆。

如果你在閱讀本書時一邊實作，你會更快學到採用這套心態和方法，獲得更多好處。

想一想

■閱讀本書之前，你認為箱型時間是什麼？

■請另外挑選一套個人生產力工具，思考如何搭配箱型時間一起運用？

■說說看，在昨天清醒的十六個小時中，你善用了多少時間呢？

■以下提供十種很受歡迎的時間管理技巧。箱型時間與其有某些程度的重疊，並與其中八種關係密切。想一想是哪八種[4]？

- 任務排序
- 分派任務
- 製作待辦清單
- 消除干擾因素
- 使用行事曆
- 記錄時間
- 設定截止期限
- 拆解大型任務
- 安排休息時間
- 善用科技

4 答案是除了分派任務和善用科技以外的其他八種。

證據還沒搜集齊全就妄加推理，
是非常嚴重的錯誤。
你的判斷會有所偏頗。

——福爾摩斯（Sherlock Holmes）

2

這是一套有用的辦法

約 3800 字

約 11 分鐘

#信任 #可靠
#證明 #科學
#證據 #信念
#意圖 #目標
#實踐意圖 #全心投入

我之所以相信箱型時間有用，是因為我在自己和許多人身上見證到效果。前面提過，你也要抱持這樣的信念，才會發自內心去嘗試，並將這套方法融入生活。現在，就讓我們來檢視一下證據，看你是否被說服，本篇的閱讀時間大約十分鐘。

科學證據與實踐意圖

多數的時間管理術都立基於直覺想法，而非嚴謹的科學證據，箱型時間則是兩者兼具。以彼得・戈爾維策（Peter Gollwitzer）在一九九〇年代撰寫的論文為首，許多科學論文指出，在做事前先培養形式意圖，可以大幅提升目標達成率。

戈爾維策提出**「實踐意圖」**的概念，就是「情境X發生時，我會做出回應Y」。實踐意圖比「我要達成X」的目標意圖更實際，可以建構出邁向最終目標的里程碑。實踐意圖的務實程度和實用性也較高，它點出需要完成的事，以及發生的時間和地點。

箱型時間是一種實踐意圖，適當制訂的時間箱需要明確的事情、時間、地點。此外，假設不是有人逼你這麼做，而是你自動自發有意識地用心計劃時間箱，完成時間箱的任務，就一定能夠實現值得追求的目標。因此，我要將箱型時間和實踐意圖串在一起，帶領讀者檢視實踐意圖的相關科學證據。數位行事曆是可以在多項裝置同步的行事曆，可恰到好處地，為現代知識工作者提供達成目標的數位刺激。

那麼，實踐意圖有哪些科學證據？戈爾維策的論文裡提及多項獨立研究，這些研究顯示，實踐意圖可顯著改善執行結果：

- 有一項研究調查一群大學生是否在假日期間完成作業。在處理困難作業的部分，擁有實踐意圖的受試者有百分之六十七成功完成，無實踐意圖的受試者僅百分之二十五完成。
- 另一項以學生為對象進行的研究中，受試者要在過完耶誕節後繳交報告，說明如何度過今年的耶誕夜。有一半的受試者被要求在寫報告之前的四十八小時，先填一份問卷寫出他們要做報告的時間、地點（即事先製作時間箱），另一半受試者不曉得此事。被要求製作任務時間箱的受試者有百分之七十五交報告，沒有收到指示的受試者僅百分之三十三交報告。由此顯示，光是被要求製作時間箱即可產生顯著效果。如果受試者完整執行箱型時間管理法（自己挑選和籌劃時間箱），一定更有成效。

- 有一項跨領域的研究，受試對象自己訂出執行一個月乳房自我檢查的目標。擁有實踐意圖的受試者，執行率高達百分之百，而無實踐意圖的受試者，執行率僅百分之五十三。
- 在戒毒者、思覺失調患者、前額葉受損患者等需要多加關心的人口，也呈現類似的驚人結果——建立實踐意圖的人，康復率顯著提升。
- 二〇二三年的一份研究在結論指出，實踐意圖可有效減少某些易受傷害人群的自殘行為。因此實踐意圖是能在特定危急狀況，遏止自殘的有效干預手段。

上述研究不僅證實箱型時間有效，也告訴我們效果提升多少——建立實踐意圖和規定達成時間，大約可提高一．五倍的生產力。至於其他的時間管理法，極少有多項獨立科學證據的支持。

其實你已經在做了

我在前一章提過，把預定行程寫進行事曆裡，某部分而言已經在採用箱型時間，這代表箱型時間對我們來說是很自然的事，也說明這個方法確實有效。安排會議的起始時間，他人邀請我們加入會議；許多人會騰出做事情的時間，例如要戴上耳機散步，或帶著筆電到不同環境完成工作。

所以，即便我們不是真正有意識或以最正確的方式執行箱型時間，我們也是在朝此方向前進。我們不可能停止這樣做，因為不論是在工作上，還是其他生活面向，在特定時段用特定方法做事（而且經常要與他人合作），都是主要的做事方法。如果沒有效果，大家不可能這麼做：大家都這麼做，一定是因為它管用。不過，想要做到自我掌控和獲得心靈平靜，關鍵在於要真正帶有這樣的意圖。

除此之外，還有個工作專門在為人製作時間箱。每一天，有數十萬名，甚至是上百萬的助理（是真的人類），在為忙碌的主管們管理時間。助理的工作重點包括：管理行事曆、預訂行程、協助打理會議事宜。在著重知識工作的這幾十年，這樣的協助已是職場上的常見做法。想也知道，假如這個工作沒有任何價值，也不會有數十萬人（包括現在的人工智慧助理）為大老闆們做這些事吧？

專家的共識

如前文討論，許多生產力大師或頂尖生產力專家都曾提到、默默提倡箱型時間，只不過他們使用了其他的名稱。

近幾年來，科技巨頭紛紛發現並急於跟上這股趨勢。Google 公司推出時間深入分析功能（Time Insights），使用者可以透過這項功能，一窺自己每日的時間究竟花在哪裡。微軟公司推出 Viva Insight，使用者可透過不同角度，了解工作日的時間分配以提高生產力及改善健康。這些科技巨頭並不孤單，部分小型平台和新創公司也意識到這點，抓住了這個好機會（我們將在第23章進一步討論）。

我的公司 Filtered 針對生產力祕訣進行統合研究，發現箱型時間是專家們最推薦的改善方法，而其他的相關名次如下：

49	45	41	37	33	29	25	21	17	13	9	5	1
拋棄無用的寶貝	認可成就	心流	計算做事時間	分派工作	類似任務設成一組	忠於自我	聲響和音樂	網站封鎖器	提早開始	兩分鐘法則	控制你的裝置	箱型時間
50	**46**	**42**	**38**	**34**	**30**	**26**	**22**	**18**	**14**	**10**	**6**	**2**
在家工作	不重讀電子郵件	喝水	正向思考	不看新聞	減少會議	排除視覺干擾	寫下來	生產力工具	呼吸	控制社群媒體	休息片刻	排定優先順序
51	**47**	**43**	**39**	**35**	**31**	**27**	**23**	**19**	**15**	**11**	**7**	**3**
效率拖延症	協助其他與會者	有節制地喝咖啡	會議後續追蹤	變換環境	專注於成果	睡眠	拆解任務	事先計劃	關掉通知	選擇查看電子郵件的時間	待辦清單	懂得說「不」
52	**48**	**44**	**40**	**36**	**32**	**28**	**24**	**20**	**16**	**12**	**8**	**4**
黃金生理時段	守時	公開承諾	一個小改變	長時間休息	效果優先，效率其次	引導會議順利進行	80／20法則	一心專用	縮短會議時間	整理工作場所	吃得好	行動！

53	57	61	65	69	73	77	81	85	89	93	97
為自己騰時間	會議器材	專注於當下	善用通勤時間	一萬小時	獎勵自己	記錄每一個點子	學習不看鍵盤打字	範本	不重要的事排在後面	設定截止期限	五項目標
54	**58**	**62**	**66**	**70**	**74**	**78**	**82**	**86**	**90**	**94**	**98**
務實	戒除壞習慣	組織化	關機	找出失去的時間	儀式	盡可能擁有控制權	主動聆聽	難事先做	設定回覆時間	指定「工作代理人」	把電子郵件轉成待辦事項
55	**59**	**63**	**67**	**71**	**75**	**79**	**83**	**87**	**91**	**95**	**99**
設定清楚的目標	愛你的工作	準時開始與結束	會議角色	短期與長期目標	艾瑞克・施密特的「九招電子郵件技巧」	讓工作再次變得有趣	清空收件匣	清除懸念	管理收件匣	密碼管理工具	舊式鬧鐘
56	**60**	**64**	**68**	**72**	**76**	**80**	**84**	**88**	**92**	**96**	**100**
開始就對了	展現同情心	符合人體工學	不寫待辦清單	設想成功	保持靈活	自然光線	語音信箱	等待清單	穿制服	規劃「壓力」時間	嚼口香糖

請注意，上述清單上有好幾項與箱型時間有關。你能找出幾項？

個人見證

本人願意為箱型時間做擔保。我從毫無良策起步，歷經了採用待辦清單的時期，再到執行每日工作計劃，最後，終於採用箱型時間，並且持續執行了十年。

這十年來我密集運用箱型時間來管理行程，平均每天制訂十五個時間箱、週末五個，總共累積了四萬四千個時間箱，也就是四萬四千個決定——這些都是在該時間點上，最恰當的任務、工作或活動，而我大部分都完成了。大量的實作經驗告訴我，這是適合我的方法。

換個角度看，從前我無法掌握明天，總是明天找上我。現在，多虧箱型時間，我開始創造明天以及未來的每一天。事後回想，感受也很正面：時間箱結束後，我同時感受到完成任務的成就感和實現計畫的滿足感。

我經常將箱型時間搭配其他生產力工具一起使用。我積極製作待辦清單，尤其反對那些要大家「放棄待辦清單」的聲音。

關於這點，我們留待第10章再深入討論。我觀察自己的精力變化，發現早晨的生產力比較高，尤其是在創意或挑戰腦力的工作上。打從我知道80／20法則[5]和帕金森定律[6]後，我就深受啟發。這些方法和箱型時間完美銜接，更讓我有信心繼續實行。

有些人覺得我做事過於注重條理，才看一眼我每天撰寫的時間箱日誌，就露出痛苦表情，不可置信地發問：「你怎麼能過那種生活？」太有條理的確很嚇人，但可以有條理到這種程度的人，並非天生如此。他們發展出適合自己的自我管理系統。那套系統其實就是箱型時間——其發生頻率，比你以為或比他們自己知道的，還要頻繁。

這十年來，我和許多同事、客戶、朋友，甚至陌生人，討論過箱型時間。雖然我已經有大量的實作經驗，但我仍然敞開心胸，樂於傾聽反對意見。在我聽來，反對意見當中最有說服力的，是箱型時間不適合某些情況。我承認這點，也接受這點（相關討論寫在第24章）。就我個人經驗而言，箱型時間管理禁得起時間的考驗。

最近的例子是我寫出這本書。出版社找我的時候，家裡和日常工作，已經讓我忙得不可開交。想要再安插出書計畫，就只能靠時間箱了，而且我得比以前更用心、更熟練。書中某些細節，甚至是在寫書過程修出來的——正所謂故事愈傳，故事性愈高。

希望你被我說服了。期待你帶著實踐意圖，開始把活動寫入行事曆，製作自己的時間箱，到時候你便會全心相信這套方法。本書開頭兩章說明了我們遭遇的問題、箱型時間提供的解決辦法，以及它之所以有用的證據。接下來六個章節要分別從過去、現在、未來，講一講箱型時間最重要的好處。

5 又稱帕雷托法則，意思是由少數因素發揮出大部分的影響力，例如：百分之二十的作者，占據百分之八十的書籍銷量。

6 Parkinson's Law，意思是工作會不斷膨脹，直到填滿可用的完工時間，例如：假設你給自己兩小時寫出一小段文章，你就會用光那段時間。

本章回顧

- 已有許多證據證明箱型時間有效。
- 箱型時間是一種實踐意圖（當情境X發生時，我會做出回應Y）。這套方法得到科學證據的佐證。
- 在某種程度上，我們已經執行時間箱了。
- 許多擁有不同工作計畫的頂尖生產力專家都贊同箱型時間。

想一想

- 請回想，過往當你看見某項證據，改變你對某個重要想法的經驗。當時是什麼說服了你？
- 請建立你的實踐意圖。
- 本章提供了各種證明箱型時間為何管用的證據。何者最能說服你？為什麼？

認知心理學告訴我們，沒有外部工具的輔助，
人腦易受各種謬見及錯覺影響，
因為人腦仰賴對生動軼事的記憶而條理分明的統計數據。

——史迪芬・平克（Steven Pinker）
美國實驗心理學家

3

它幫你記錄過去

約 2200 字

約 7 分鐘

#歷史 #日誌 #記錄
#記憶 #搜尋 #反思
#學習 #自我認識 #自我覺察

箱型時間管理的第一項好處，是跟你的過去有關。

網際網路出現以後，搜尋歷史和社群媒體貼文替我們每天的生活留下紀錄。只可惜，這些紀錄的主要受益者不是你，而是 Google 母公司 Alphabet、亞馬遜、蘋果、Facebook 母公司 Meta、微軟等科技巨頭。但是有了箱型時間管理法，你可以建立僅供個人使用且效益無窮的紀錄。

時間箱行事曆是一種日誌，可以記下一天的許多事情。借用林肯的蓋茲堡演說來說，就是：**由你自己、為你自己、寫下屬於你自己的足跡**。這項資訊在許多方面都是你的無價之寶。

記憶

上星期二下午你在做什麼？你上一次跟許久未見的老同學講話是什麼時候？你主持每週團隊會議多久了？從你上次與那一名潛在客戶見面，到現在經過多久了？

多數事情我們會很快地就忘掉，很多人連今天稍早做過什麼都記不住，能記住昨天或上星期發生的事的人更少。原因或許出在，我們把太多東西塞進生活，有太多事情要回想，而能夠回憶的心智能力所剩無幾。

所以說，箱型時間提供了解答。它是一份可供搜尋的日誌，記下許多你選擇記錄下來的活動。就我來說，我能夠搜出過去十年絕大部分的資訊。有時候是特定資訊，例如：某人的姓名、電話號碼或我有沒有做某件事；有時候，相關的時間箱會喚起過去某事或某活動的一長串記憶。但是不管哪一種，可提供參照資料的時間箱日誌都給予我實質幫助。

這類資訊在你需要保護自己時非常有用。例如，你在工作上遇到需要證明自己何時做過什麼的狀況。由於行事曆記下相關內容，你可以快速提出資訊。

這份紀錄也能幫助我們管理健康，知道自己何時曾跌倒受傷、何時開始用藥、上一次就醫等有用的救命資訊。至少，能在某些情況提升你的生活福祉。將這些事件、意外和預定活動寫進行事曆極具價值。

時間箱日誌更有可能帶給你「正向」回饋，舉例來說，你要去見好一陣子沒有碰面的人。你依稀記得，上次見面時好像有手寫一些資訊，但現在你找不到之前的筆記，因為你想不起來上次是何時見面。這時，使用時間箱行事曆，只需要搜尋名字或電子郵件，就可以找出上一次的碰面日期，進一步鎖定資訊，調出筆記。

你還可以輕鬆進階搜尋能力。製作時間箱時，使用一致的標題和描述用語，甚至加上慣用的主題標籤，這樣一來，搜尋行事曆時就能知道「#業績、#家庭、#冥想、#一對一開會」等活動的發生時間及頻率。這一點留待第11章再深入討論。

〈圖 1〉 沒有時間箱的一星期：僅記錄會議時間

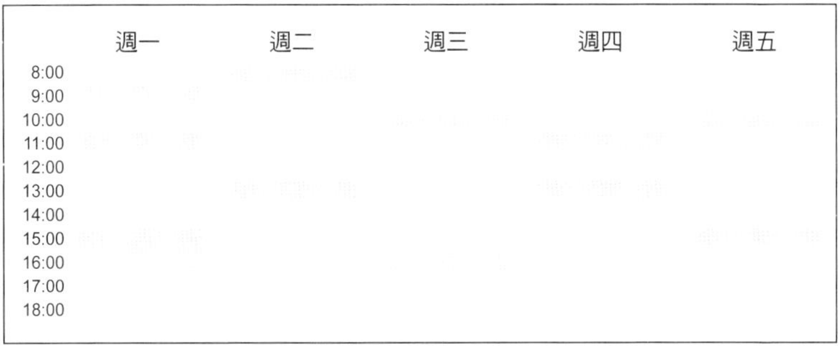

〈圖 2〉 有時間箱的一星期：記憶的寶庫

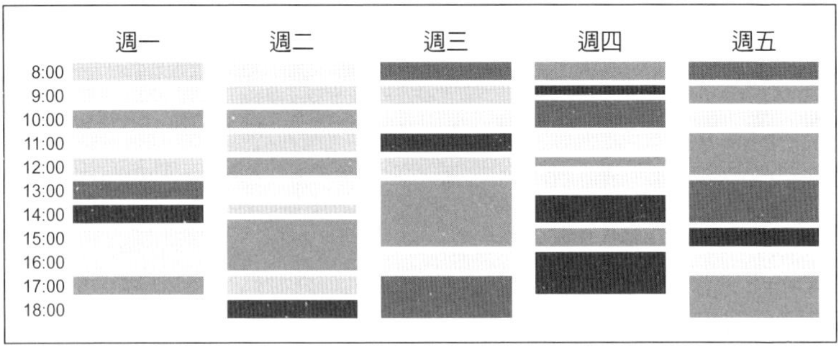

動機

箱型時間可以為已完成活動做紀錄，也就是記載了成果。它可以鼓勵你完成更多任務，有些人喜歡在行事曆上，為完成的活動加上表情符號「✔」。這麼做會刺激多巴胺分泌，讓我們感受到回饋，激勵我們再做一次。事後製作時間箱（例如早上九點到九點半我做了這件事，早上十點到十一點我做了那件事……）通常很有用，而且能夠產出可供搜尋的日誌紀錄，這是非常正向的經驗。

許多生產力專家大力吹捧製作「已完成清單」的好處，箱型時間也有這個功用。做紀錄並評估成果可以在當下給予直接回饋，這樣的多巴胺刺激會激勵我們再做一次。除了這個，完成任務當然還有其他更重要、更長遠的好處。

有些箱型時間的鐵粉，經常把一句話掛在嘴邊「不在行事曆的事是不存在的」。意思是，除非寫進時間箱，否則該活動就不會實現。這句話聽來不太順耳，但頗具說服力。再者，從時間回推，這也是一條有力的邏輯：如果一件事沒有紀錄（例如寫在數位行事曆裡），那它真的發生過嗎？無論你的哲學傾向為何[7]，沒有被記錄的事件，就代表沒有以對某人有用的方式存在過。

另一個可以激勵我們的觀點是：詳細記錄生活使我們感覺更好。物理學家與哲學家尚恩．卡羅（Sean Carroll）曾經指出，累積愈多回憶讓人感覺度過愈多時間。充滿繽紛回憶的人生，可讓我們覺得這是一趟更豐富、完整、值得的冒險之旅。

自我發展

時間箱行事曆可幫助我們反思生活過得好不好，協助我們回答可能很重要的反省問題，例如：

- 在我做出重要決定的那一天，腦袋裡還有哪些事情？
- 我是不是太努力工作了？
- 關於人生的某方面，我投入的時間足夠嗎？
- 有沒有重複出現的好習慣或壞習慣需要處理？

- 我做過哪些寵愛自己的事，頻率多高？
- 我最近有哪些深感驕傲的時刻？
- 我夠關心另一半嗎？

你最能感受到時間箱美好的時候，想必會是每年年末把過去十二個月的成果寫進年度回顧的那一天。只要把「#回顧」之類的主題標籤順手加入對應的時間箱，就能讓事情變得輕鬆許多，而且這樣你就不會忘記這些重要成就。

記在時間箱的資料可能很平凡，所以請想一想，要怎麼為時間箱增色。例如：留言給未來的自己、寫個笑話或編個有趣標題等。當然，再普通的資料也具有價值，如小說家伊恩．麥克尤恩（Ian McEwan）所說：「就算陳腔濫調，歷經多年，也會開始發光。」

7 此處呼應喬治．柏克萊（George Berkeley）三百年前提出的未解之謎：「假如有一棵樹在森林裡倒下，沒有人在附近聽見這個聲響，它有沒有發出聲音？」

經濟效益

你也許已經在使用其他方式做記錄了。日誌[8]、子彈筆記，甚至電子郵件，都有記錄活動的功能。但箱型時間特別符合經濟效益，只要花個幾秒鐘，就能製作基本款的時間箱，不僅快速，也很簡單，因為多數人都已經在使用數位行事曆了。

記錄自己在何時做了何事，很有幫助，你可以從這些資料深入了解自己和其他人。這是很私密的個人資料，給自己看，自己知道就好。

8 箱型時間可以與各種形式的日記搭配使用。

本章回顧

- 箱型時間記錄你做過的事，累積成可供搜尋的紀錄。
- 箱型時間可以用來：查閱資訊和喚起記憶；獎勵自己，鼓勵你堅持下去；讓你能夠反思和成長。

想一想

- 挑出你最有感的一個，認識認識新的自己。
- 你是否曾經在工作中，遇到希望自己有個方法能幫助你回想某天發生的事？
- 昨天的這個時間你在做什麼？請試著在沒有外部工具的輔助下，閉上眼睛回想。也請注意，在你回憶這些資訊時，腦中浮現哪些想法。
- 上個星期的這個時間你在做什麼？請試著在沒有外部工具的輔助下，閉上眼睛回想。也請注意，在你回憶這些資訊時，腦中浮現哪些想法。

我是自己的庇護所，
這一生，我想重生幾次，就重生幾次。
——女神卡卡（Lady Gaga）

4

它帶給你內心的寧靜

約 2500 字

約 7 分鐘

#壓力 #擔心 #不堪負荷
#痛苦 #主動性 #掌控
#滿意 #快樂 #啟發
#獲得自由 #平靜 #庇護所

箱型時間能幫你減輕壓力，讓你感覺事情掌控在自己手中，更可以讓你重獲自由。對我來說，箱型時間最主要的好處就在本章：我最大的收穫是心理健康，這點甚至比生產力更重要。因此，本章要來說明箱型時間在情緒和心理方面的優點。

我們都同意，現代知識工作者內心焦慮，壓力大到難以負荷。統計數字也證實這點：根據估計，成年工作者約有百分之十五罹患精神障礙。從全球來看，每年有一百二十億個工作天因為憂鬱和焦慮而損失，相當於損失一兆美元的生產力。

箱型時間指引我們在日常混亂狀態中，忽略其他一千種可能會做的事情，回歸到一

〈圖 3〉 無時間箱的焦點與有時間箱的焦點

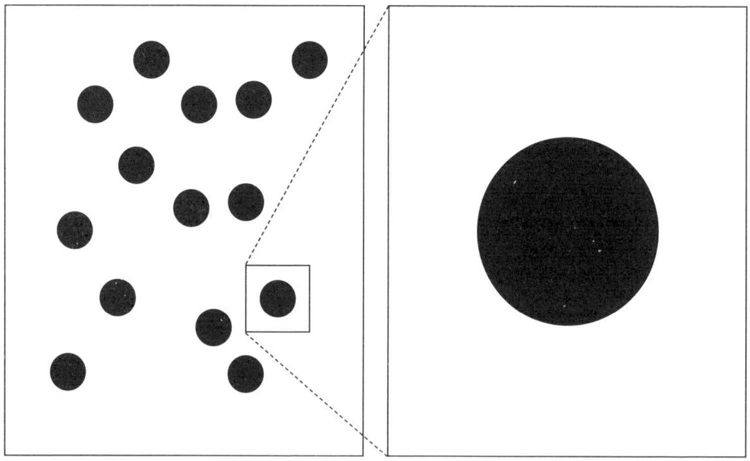

段時間只做一件事的模式，保持專注穩定。隨著干擾因素增加，尤其是接收溝通訊息的時候，時間箱行事曆會是幫助你找回安心感的避難所，重新確認排在前面的就是你那段時間該做且唯一要做的事。

減少痛苦

你是完美主義者嗎？你有拖延習慣嗎？你總想著討好別人嗎？你喜歡一心二用嗎？還是愛瞎操心？也許你會在不同情境展現出前列性格，幾乎每個人都會，我自己也會。現代世界以無窮無盡的科技產品、時刻相連的特性，在我們身上誘發這些問題。不幸的是，這些問題讓我們痛苦難受；也幸好，箱型時間指引我們遠離於此。

完美主義者努力想達成不可能的任務，總是不停地更正、修改，不甘於為手邊任務劃下休止線，最後便錯過截止時間。他們嚴格評估自己的工作成果，其他人也嚴謹檢視他們的工作，使得他們鮮少有感覺滿意的時候。箱型時間的時間箱能明確劃下休止線，而且這套方法要求，你必須要在某個時間點完成、提交、分享（參見第17章）。

拖延者會把工作拖到最後一分鐘，即使他們知道，這樣只會招致更糟糕的後果。不僅會使得成果品質下降，也與憂鬱、焦慮、自信低落等現象有關。箱型時間至少可以幫助有輕微拖延症的人啟動生產力，在事前定下的時間提早動手工作。動機科學專家皮爾斯．史迪爾（Piers Steel）博士提倡，**透過事先承諾和控制環境**，來打破拖延者的詛咒，而這也是箱型時間的兩大要素。

習慣討好別人的人會在當下，用過度的承諾去滿足朋友、同事、家人，甚至是陌生人。但過不了多久，他們就會被膨脹的工作量給壓得喘不過氣，接著，就得面對對方的不滿和失望。箱型時間提供了真實的空檔資訊，幫助討好者在對的時間點，用正當的理由拒絕別人。事實上，將行事曆公開分享後，就能防範他人提出占用時間的要求。

一心二用的人想要藉由同時做好幾件事，來完成更多工作，但這幾乎是天方夜譚。一心二用與績效呈負相關，除此之外，研究顯示一心二用會讓人心態比較負面：正在找鑰匙卻被之前想要讀的書突然吸走注意力；正在寫電子郵件給某人卻被其他需要費神處理的郵件給吸引目光；正在唸某冊《納尼亞傳奇》給孩子聽，手機通知把我們突然拉出那個世界……類似狀況一再發生。

想要拒絕一心二用，可以定出一段時間專門整理收件匣，處理一整批電子郵件，已經證實可以提升幸福感。一次處理一項任務的箱型時間，正是擺脫這個壞習慣的最佳辦法。關於一心二用，詳細討論參見第18章。

愛瞎操心的人飽受煩惱折磨，所以才叫瞎操心。這樣的人即便很有生產力，也會在工作和社交上引起負面的連鎖反應，不利心理健康。箱型時間雖無法從根本解決這個問題，但是有些受操心之苦的人發現，排個固定時間煩惱，有助緩和心情。

特定挪出一段時間思考問題，做出區隔後所帶來的自由，可以讓你在那段時間前後繼續過生活。在我們陷入低潮時，箱型時間也是個務實的解決方案，它能帶我們一小步、一小步改變，愈來愈正向積極。

加強自身的主動性

主動性的意思是你能感覺掌控自己的行動和後果。從古至今，許多古人智慧告訴我們，要把心思放在可以掌控的事情上，不要想事事插手，以致失敗沮喪。箱型時間便是應用這項準則的務實辦法。

主動性是一種感受，雖然它很難去量化，但也不是絕無可能。有一項以三十三個歐洲國家三萬六千人為對象的研究總結：「可增加選擇與機會的社會條件、每個人對自主性的自我感受，皆與生活滿意度呈正相關。」這點非常有道理。人類在適者生存的基礎上演化，為了生存與繁榮，自然想要控制我們的周邊環境，也很符合直覺——掌控感使人快樂，反之則不快樂。如傑夫．貝佐斯（Jeff Bezos）所說：「壓力主要來自於，某程度上可以掌控的事情，你卻沒有採取行動。」增加主動性有助幸福感的提升，我們有必要為了自己提高主動性。

箱型時間幫助你從別人的行程跳脫出來，讓你得以投入自己的事。

收件匣裡盡是別人拋來的一堆要求和資訊；受邀參加會議是要討論別人的構想、目標、計畫；收到的一大堆通知是來自某個人發送或自動發送的外部程式。那都不是「你的」行程，還有一些可能與你的行程重疊，但那並不是經過安排的重疊。只有你能開拓自己要走的路，箱型時間是幫你辦到這點最佳方法。

你希望你的人生總是對別人唯命是從嗎？只要你能選擇，在你挑選的時間裡做對你來說重要的事，那麼你所聽命的人就是你自己，你的主動性提高了。

箱型時間也提供適當的主動性。由你選擇要做的事，而且你是在適合的狀態做這些選擇。當你開始混亂的一天前，自由自在、不受打擾，以冷靜的頭腦考慮你要採取的行動，控制行動的感覺想必會更強烈、也更美好。

讓自己自由

箱型時間帶來自由。減輕壓力、提高主動性都很重要，即使有這兩項好處，仍不足以道盡這套方法的效益。箱型時間帶來徹底的改變，當你只對一件事情說「好」，你就是對一千件其他事情說「不」，你在幫自己卸除無謂的重擔。了解和認識這一點，對我們是非常重要的啟發，也為我們帶來自由。

我們甚至可以將箱型時間當成人生指引來實行。這是來自你自己的真實聲音，值得你託付信心，因為那是你在頭腦清楚時得出的想法。

它會提醒你，在某一天的某個時刻要去做哪件事。有時候你當然也會對它不感興趣，被其他人事物吸引走。但是你知道它在哪裡，只要點一下它就會出來，每當需要，不分晝夜隨時找得回來。這個聲音是人世間的高層次力量，如果你選擇把它找出來，並且用心聆聽，那麼它將一輩子陪伴著你。

本章回顧

■ 箱型時間不僅有助提高生產力，也有益心理健康。

■ 箱型時間讓你選擇想要做的事，而不是對別人的話唯命是從。

■ 一次對一件事情說好，在同一時間拒絕其他事，能夠帶給你莫大的自由。

想一想

■ 對你來說，「好的感受」和「較佳的表現」，何者比較重要？

■ 什麼情況最讓你覺得有壓力？簡單寫下這些情況的特徵。是不是經常都是好幾件事情同時發生？

時間的流逝會證明，
我擁有的不僅僅是平凡人的頭腦。

——艾達·洛夫萊斯（Ada Lovelace）
英國數學家兼作家

5

它幫助你聰明思考

約 2800 字

約 8 分鐘

#心流 #能力
#頭腦清晰 #促發效應
#規劃 #頓悟
#洞見 #心智能力
#深度工作力 #記憶

姑且不論結論的好壞，人類以聰明頭腦稱霸了地球，我們是稱為「智人」的物種。雖然「智人」是我們自己給自己冠上的稱號，但它說明了人類的聰慧及敏銳。現代人當中，有十億人口仰賴知識工作和決策為謀生工具。過去這幾年來，市面上逐漸形成一個稱為「聰明思考」的書籍類別，旨在協助讀者改進思考流程，在資訊更充分的情況下，做出更明智的生活和工作決策。我們應該要認真看待思考這件事，將我們最偉大的天賦，也就是演化的最高成就，發揮得淋漓盡致。

本章要告訴你，箱型時間如何幫助你用更聰明的方式思考、生活、工作，而不是教你如何更努力。**重點在提升產出品質，而非投入數量**。我們將在第7章討論這套方法如何同時幫助你提高完成量。

雖然每個人都能立刻進入思考狀態，但思考卻是不易說明的人類活動。已經有太多書籍和人們窮盡一生在討論這個議題，所以我在這裡只會提出一條區分的界線，並嘗試移除它。這條界線的兩側，一邊是需要發揮認知能力的活動，另一邊則是思考。編寫程式碼、寫作、設計、編輯、審稿等，這類需要發揮認知能力的工作有種特殊性——必須要達成明確的預期結果。思考則是一種比較擴散、籠統、有許多變化的活動，包含但不限於：批判性思考、設計思考、問題解決、分析式思考、策略思考、做決策。

基於本章和本書的撰寫目的，接下來我會假設，這兩種心理活動都是重要且值得嚮往，並主張箱型時間對兩者都有幫助。

播下種子

不播種，是不可能有收穫的。我們不能期待，在「時間箱」這個有明確時間限制的狹窄範圍內，獲得任務需要的所有創意火花、想像力和靈感。尤其是要發揮創意和困難的任務，我們需要在挽起袖子動工之前，就讓潛意識及意識開始工作，來拉高達成機率。我們可以，也應該要，整合與任務主題相關的資訊、事實、零散念頭、記憶、筆記，簡單瀏覽這些資料，接著放鬆一下，讓潛意識去做它的工作。

假設你要在星期四早上撰寫一份企劃，你可以在星期二下午安排半小時預習資料的時間箱，看一看手上的草稿、筆記、老闆的指示、辦公桌前搜尋得來的資料、過往範本或是同事上個月廣受好評的優秀企劃、生成式人工智慧（AI）撰寫的參考範本等。給你的心智三十六小時，在這中間睡上幾回覺，讓你能夠好好理解這些資訊。等到星期四早

〈圖 4〉 為行程播下種子

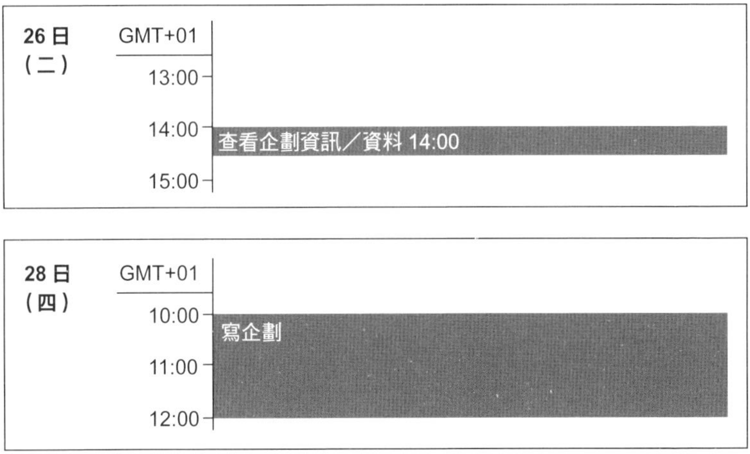

上，你會寫得更快、更好。

箱型時間也能讓我們在會議上有好表現。會議大約占據我們五分之一的時間。既然不管喜不喜歡都得開會，那就把會開好吧。如果你能事先在腦子裡播下種子預習，為每場會議做準備，例如：每天早上安排一個「會議準備」的常設時間箱（用十五或三十分鐘，為當天要開的幾場會議做準備；當然，重要會議需要再多花時間），這樣一來，你就會有充分的準備，在會議上大放異彩。你會是個有用的團隊成員，並且獲得好的回饋，包括：實現構想、做出貢獻、斬獲名聲。

這十年來，我習慣先在腦中播下想法的種子，這項務實的做法幫助我完成各種困難的任務，也包括寫出本書。我不會一坐下就開始書寫，因為我不相信好靈感和字詞會自己冒出來。我會事先安排數個簡短的時間箱，用這些時間整理想法、不帶有壓力地瀏覽所有資料、給潛意識一天一夜的時間處理資訊。走過這個程序，我才會動筆寫作。

規劃的藝術

箱型時間包括兩種重點，分別是計劃（本書Part2）和行動（本書Part3）。在計劃階段，你要決定執行哪些任務、任務大小、何時執行；在行動階段，你要在指定的時間箱時段實踐意圖。

計劃不僅需要發揮認知能力，也需要思考。它是重要的決策活動，如果沒有好好進行，時間會被浪費在低價值的活動上。每天早上用十五分鐘規劃時間箱，將大幅影響接下來一天十五小時的執行成果。十五分鐘的時間可以確保我們會有十五小時過得很有生產力，等於產生六十倍的效果，這是非常關鍵的活動，必須心平氣和地冷靜處理。好比復仇，必須冷靜規劃，再執行。

我們可以用規則帶來的好處，去想像計劃的優點。如第1章所說，過往當我們需要制訂規範時，我們會把這項任務交給適合的人選，由他們在冷靜的時候定下重要決定，這些決定會比較容易成為良好的規範。由於已經定好規則，後續的每一天，你無須再去質疑自己的決定。

事先計劃時間箱也是一樣的道理，在適當情境下安排好時間箱以後，你應該要對那天規劃的任務抱持信心，相信那就是最適當的任務。這樣一來，你就不必再去煩心，是不是該在某個時間放下雜事，專心工作，因為你已經做好決定了。你不需要、也不該再去斟酌權衡。

要是煩人的聲音關不掉，你大可回去查看時間箱行事曆，重新考量後再做最終決定，生活將因此簡單許多。你很有可能在閱讀這一章的過程中，進入正念和冥思的狀態。如果有，你應該會喜歡第20章的內容。

發揮聰明才智

箱型時間可以幫助你放大能力。你可以利用它來塑造適合的條件，讓你和你的大腦展現最棒的一面。意思是在前面說的播下種子和計劃後，還要營造適合的實體環境（參見第9章）。

那樣一來，我們就能確實排除干擾因素、提高專注力。箱型時間讓我們一次專心從事一項活動，所以也能減除壓力。有研究證實，壓力會影響表現。神經科學家丹尼爾・列維廷（Daniel Levitin）提醒，一心二用會使皮質醇和腎上腺素分泌增加，造成壓力。他引用的研究更指出，分心會讓智商分數下降十分。

箱型時間的好處不僅僅於此。更棒的是，箱型時間可以幫助我們進入非常特別的理想狀態。匈牙利心理學家契克森米哈伊（Csikszentmihályi）提出的「心流」、卡爾・紐波特（Cal Newport）提出的「深度工作力」，想要進入這兩種狀態，條件其實完全一樣。這些條件，箱型時間全部都能提供，包括：

- 堅持不懈的專注力
- 明確的目標
- 完全沉浸其中，失去時間感
- 挑戰和能力要旗鼓相當，任務不能太簡單，也不可太困難

箱型時間帶我們發揮更高階的創意力和聰明才智。少了箱型時間，就難以辦到。

調出資訊和獲取洞見

我們都被威力強大的科技給寵壞了。網際網路提供近乎無窮的資訊量，智慧型手機讓一切隨時唾手可得。現在，世界各地的多數人都擁有智慧型手機，這兩項科技，將我們和數十億人連結在一起。近年來，有能力產生具有意義、實用文字的大型語言模型[9]，則是讓我們能夠專注於處理比較需要人力的工作。這些工具幫助提高和增強人類的智商與能力。

但是在多數情況下，這些大型系統缺少了一類與我們密切相關的資訊，那也就是個人歷程。從第3章我們看見，箱型時間提供可搜尋的日誌，這份日誌不僅僅是一份紀錄，還可以喚起記憶。這項功能不僅讓我們表現得比缺乏條理的人更聰明，甚至能讓我們更周全地思考，因為你對發生過的事一清二楚、更能觸類旁通和發揮潛力。

想知道這麼做能夠喚起多少感受嗎？不妨去翻一下比較久遠以前的 Google 搜尋紀錄，想必你一定會為找到的內容感覺驚訝、獲得力量、引發興趣、得到靈感或是被深深觸動。

■ ■ ■ ■

善用箱型時間，讓你能夠聰明思考。思考，是生而為人的重要活動，還有比這更棒的嗎？也許你可以跟其他人一起聰明思考。

9 例如近年興起的 ChatGPT，透過大量語言數據，來模擬、理解和生成人類的自然語言。

本章回顧

- 箱型時間有益於認知工作和一般的思考過程。
- 請運用這套方法，在需要完成工作的時間點前，先種下概念，啟動潛意識。
- 規劃時間箱是很重要的決策活動，大大影響那一天接下來的生產力。
- 當你在時間箱裡面，好好完成它。這是幫助你深入思考的好機會。
- 詳細規劃時間箱，可以完整搜尋資訊紀錄，在需要時，幫助你回想某件事情。提升記憶力有助於聰明思考。

想一想

- 上一次進入心流狀態是什麼時候？是什麼幫助你進入此狀態？
- 上一次靈光乍現或茅塞頓開是什麼時候？你還記得當時的情境嗎？

■看一看你在幾個月或幾年前的網路搜尋紀錄。有沒有什麼發現或想法？有沒有現在可派上用場的資訊？

我為人人，人人為我。

——大仲馬（Alexandre Dumas）
法國浪漫主義文豪

6

它幫助你與他人合作

約 2000 字

約 7 分鐘

#和諧 #效率 #社交
#公開透明 #信任 #協調
#人際關係 #團隊合作

箱型時間不只可以提高個人生產力，現代人的工作和生活還有一大重點——需要與客戶、廠商或家人、朋友團隊合作，而箱型時間也能夠運用在這方面上。

我強調「生產力」的和諧。其概念在於**以直接**、**積極**、**體貼**、**正向的方式與他人互動**，**對工作和家庭生活的核心都有益處**。直接、積極的互動可以提升溝通效率；體貼、正向的互動可促使參與者接納彼此。我們多管齊下，避免發生令人沮喪、焦慮，甚至影響生產力的衝突，箱型時間對於改善這類問題，很有幫助。

共時性讓人類能夠以群體的樣貌繁榮共存。我們會一起參與各式各樣的活動，例如：體育競賽、藝文表演、演唱會、婚禮，甚至包括商業會議。這些活動都有起始和結束時間，箱型時間幫助大小活動順利進行，因此也有助於人類的繁榮。

數位共享行事曆

共享行事曆已成為現代生活不可或缺的一部分。蘋果公司、Google、微軟都了解到，有必要讓行事曆軟體互相連通。現在不管你或其他人選擇哪套系統，都能決定是否要共享行事曆。這些科技產品兼顧視覺和直覺，而且非常容易使用。

有一份二〇一八年的研究指出，百分之七十成年人使用數位行事曆。而現在，比例應該更高。

請留意，本章所談的好處，僅適用於數位共享行事曆的使用者。紙本類的行事曆、筆記本，甚至時間箱專用規劃簿，只存在你的書桌上。如果你是獨立作業的工作者，影響應該不大。但如果你的工作需要與人合作，請動動手將這個環節數位化。與人分享代表了你在乎。

規律

共享行事曆運用得法，箱型時間將發揮極大的功效。

安排相關任務會變得更加容易。舉例來說，如果你的小孩有課後活動，這時若把課外活動放進家庭共享行事曆，有存取權限的人能輕鬆協調接送之類的支援事宜。行事曆上的資訊能幫助大家安排工作，並在行事曆上標識清楚。這麼做可幫助家庭培養共同興趣，有益氣氛和諧。現在是有專門的管理軟體，可以做到自動打理這些事情，但是大部分的人並沒有使用管理軟體的習慣，而且不同團體的人（部門、朋友、家人），不見得會使用相同的軟體。

箱型時間讓我們知道工作會完成，因此感到放心。假設你拜託某人幫忙做一件事，例如：確認你所寫的參考書目。如果對方只是簡短回應「好」，你不見得會放心。但如果對方告訴你：「沒問題，我已經寫進星期五早上十點的行事曆。」你甚至可以看見這個時間箱出現在對方的行事曆。此時，你會放一百二十個心，並對同事這樣的做事方式心存感激。如果大家都採用箱型時間，我們可以輕鬆地讓對方知道「你的事我有放心上」，人與人之間的往來互動將會容易許多。

對方甚至可以在取得你的允許後，將主動時間箱插入你的行事曆，這是很常見的會議安排方式（當然，也可以運用於其他事務）。想要順利運作，你得在預約行程裡頭寫下相關資訊和指示，這點留待第11章再來說明。

我還想提一項好處，不過有些讀者可能不會喜歡。「霍桑效應」是指如果知道有人在旁觀察，工作的成效和效率都會提高。如果運用共享行事曆，就表示有可能隨時接受許多人的觀察。別人可以看見你做了哪些事、你在做哪些事以及你打算何時做哪些事。

這樣一來，你的行事曆就變成某種承諾，雖然是種詛咒，但對許多人來說，公開承諾有助克服拖延，會因為清楚知道自己在做什麼，而有所斬獲！

建立信任

不是每種情況都能建立共享行事曆。它需要彼此間的互信，以及對隱私、隱私權的了解。如果是在公司使用共享行事曆，可以請IT部門協助。

大家總是把「公開透明」輕易地掛在嘴邊，但是應該沒有人會真的希望事事被看得一清二楚。在分享行事曆之前，請務必確定那是你願意分享的資訊和對象。

數位行事曆大多有各種隱私權設定選項，你可以設定成完全不公開、部分公開（此時預約行程上，只會顯示有事在忙）、完全公開。你也可以選擇要讓哪些人或團隊採用哪種設定。請注意，主管、管理員這些擁有高權限的使用者，可能可以看見你不想分享的資訊。為了讓自己完全放心，你也許需要當面和對方確認，找個你信任的人問問，他會在你的行事曆上看到什麼，好確認那是你願意分享的資訊。

隱私權設定和行事曆管理之間要注意平衡。如果你想在預約行程裡註記很多的私人細節，也許你應該設定比較高規格的權限。當然，如果你本來就不打算與人分享細節，在這方面就不用太操心。希望你不需要做太多設定就能使用。

深化人際關係

共享行事曆的功用發揮到最大時，也有助於加深人際關係。雖然不是每種情境都適合，但是如果你能在時間箱上分享一點個人資訊，或比較不重要的工作資訊，像是正在看的書、日常行程、接送孩子上下學、藝術課程、出門看電影等，其實不需刻意提出要求，就能用這種方式多多認識同事。

這可以是初次破冰的互動，也可以開啟下一次對話。我們經常不假思索在社群媒體上分享私事，為何不在共享行事曆裡多寫一點，與一小群應該更值得信賴的人分享呢？

箱型時間透過數位行事曆和信任感，為我們帶來可觀的合作效益。數位行事曆的使用方法簡單、信任門檻低，而多數人對身邊的人都有足夠的信賴感，這是箱型時間能有效運作的原因。

本章回顧

- 箱型時間有益團隊合作、提高個人生產力。
- 數位共享行事曆是讓箱型時間發揮最大效益的輔助工具。
- 箱型時間幫助我們有策略地安排相關任務，能讓共事者了解工作將如期完成，提供安心感。
- 檢視你的共享行事曆設定，如何兼顧隱私與便利之間的平衡。對你來說，把個人活動放進去適合嗎？
- 把個人時間箱放進你的行事曆，有助於破冰和建立關係。

想一想

- 在工作上有多少人可以讓你完全信賴？即使讓他們知道你在何時做何事也沒關係？想一想這些人是誰。

■ 有哪些人你不信任，為什麼？

■ 在職場之外，有哪些人會因為清楚知道你的行程而受益？家人、親戚、朋友或是你參加的志工團體、鄰居？

■ 如果你習慣用「好的」來答應別人的請託，請考慮改變做法，試試用「已經寫進（某某時段）的時間箱」來回應對方。

■ 我們經常用許多模糊詞彙來表示時間，像是「快了」、「馬上」、「盡快」、「很快」、「不久」。你會這樣說嗎？如果再精確一點，會不會比較好？

高效的主管各自擁有不同的個性、
強項、弱點、價值觀與信念，
他們都擁有的共通點是會把對的事情完成。

——彼得．杜拉克（Peter Drucker）
現代管理學之父

7

它幫助你提高生產力

約 3000 字

約 9 分鐘

#生產力 #排定優先順序
#關鍵少數 #80/20
#量化 #一心二用 #分心
#干擾 #社群媒體

現在不流行講生產力了。近來，這個概念已被染上負面色彩，令人聯想到過度干涉的管理方式、沒完沒了的工作、對工作生活平衡和心理健康的忽視。但我仍然能夠很有把握地提出，「提高績效」依舊是重要、值得推崇的工作和生活態度，而箱型時間幫助我們辦到這點。

做對的選擇

如杜拉克（Drucker）所說，想要完成更多的事情，最重要的是把注意力放在對的事情上。想要把注意力放在對的事情上，就要取捨和培養這麼做的心態，不覺得疲憊、不分心，也不覺得那是苦差事。這樣一來，我們將更專注在想要和需要完成的事。如果缺乏計畫，漫不經心地過日子，我們的注意力就會被很多不重要的事給分散。

箱型時間能幫助我們完成大多數的任務，我們可以利用時間箱輕鬆辨識出哪些是需要優先處理的緊急任務。至於非緊急任務，例如學習，也可以利用時間箱指定適合的時段，這樣才不會一延再延。我們也比較有可能在尚有精力處理的時候，正面迎戰經常被有意無意避開的困難任務。至於那些看起來小到不必規劃的單一任務，則可以集合起來，等待一個時間一起處理。最後，那些沒有用處、適得其反的任務，由於不會出現在行事曆上，我們看不到，自然沒有理由去做。

我們試著來量化那些好處。若一個任務的價值可以分成一到十分；假設，當你只是見招拆招，任務平均價值為六分；再假設，當你事先訂出該做的事，任務平均價值為八分，那樣價值就提高了百分之三十三。要是我們假設80／20法則適用於知識工作，那麼提升的幅度更大。少數關鍵任務就能貢獻大部分的生產力。

所謂的「帕金森定律」

有句老話只要顛倒過來，就能提高生產力。雖然很多人愛拿帕金森定律[10]開玩笑，

10 卡爾．紐波特指出許多人誤解帕金森一九五五年的論文，但我仍然要把焦點放在這句知名的錯誤引用句，因為它在過去七十年引起了人們的想像和興趣。

但這條廣受認可的定律告訴我們「工作會不斷膨脹，直到填滿可用的完工時間」。如果你有三十分鐘可以整理房間，你就會花三十分鐘整理房間；但是如果你有六十分鐘，你就會花六十分鐘。帕金森定律所說的時間損失，其實和拖延有極大的關係。而箱型時間就是把握這句話的相反面：**把工作壓縮到符合排定的完工時間，用比較小的時間箱，來完成相同的工作**，聽起來是否很划算。

這個概念有科學研究的支持。在一項研究中，參加實驗的大學生被要求判讀四組照片。其中一隊大學生在實驗開始前被告知第四組照片取消了，但是他們使用的時間，與維持看四組照片的其他隊沒兩樣。判讀三組照片的學生依舊用完可用的時間：「只要預期下一項任務被取消或臨時多出時間，可以在手邊工作東摸摸、西摸摸，會使人大幅降低效率，付出高昂的代價。」許多研究都觀察到相同的結果。

在另外一項實驗中，受試者隨機分配到五或十五分鐘，用來完成一模一樣的任務。分配到十五分鐘的人，依舊以長出許多的時間完成任務。第三項研究指出，影響期末考分數的因素，有超過三分之一歸咎於拖延。

「帕金森定律」運用起來當然也有限度，你是可以規定自己要在一小時內，從零開始寫出一萬字的報告，但不可能辦到。箱型時間沒那麼神奇，前面所提的研究大多是說，你可以節省四分之一到一半時間。但也有研究指出，時間減少導致品質下降。二〇一四年，有一項比較近期的研究證實了這點：「有時間壓力的學生，比沒有時間壓力的學生，平均分數低了三分。」

不管是把截止時間定遠一點以減少壓力，還是只要做到一定程度就好，聽起來都很有道理。如果單是懂得運用帕金森定律，就能多擠出三分之一的產出，何樂而不為？

在時限內完成

箱型時間可以把大型任務拆成方便估算和管理的小型任務，也就是說這套方法能夠幫助你看清楚龐大計畫裡的各種要素。這類大計畫包括：搬家、推出新產品、籌辦生日派對等。

它可幫助你判斷能否在可用時間內完成，還是你需要另做安排。它也幫助你確認，在時間充裕的情形下，被拆解的小任務是否都能在時限內完成。

一心二用

我們在第4章提過一心二用會引起某些負面情緒，然而一心二用也對生產力造成負面效果。

其實，不太會有人真的一面寫報告、一面聊天、一面查閱消費支出、一面簡報，現代人的一心二用，多半發生在分心回應訊息通知，有了通訊軟體（如微軟Teams、Slack、電子郵件）和硬體設備（如筆電、平板電腦、智慧型手機、智慧型手錶），每天都有數不清的通知，導致我們老想查看誰傳來什麼訊息，影響到工作。

一心專用通常能幫我們完成更多事，一心二用或情境切換則會使效率降低：有一份二〇〇一年的論文指出，一心二用和情境切換會耗損百分之四十的商業生產時間。一心二用在某些情境非常危險，像是一面開車一面傳簡訊。在美國，每年有超過三千件死亡車禍，原因就是開車不專心。而且有一些認知負荷[11]很高（例如教孩子代數或審閱法律文件）和恢復速度遲緩的事，特別不能被干擾或是一心二用。確實有極少數的任務可以同時進行，後續會在第18章討論。但是就絕大多數的情況而言，箱型時間完全排除一心二用的可能，完整呈現一次做一件事的強大力量。

零碎時間

我們每天都有許多的零碎時間，像是等候公車、通勤時間、在咖啡廳等人以及會議提早結束或被取消時。大部分的人會把這些時間拿來直接滑手機，是的，看手機已是現代人最直覺化的行為，每天會花超過兩小時的時間，在手機上瀏覽社群媒體。

我們不停滑著手機，很多時候甚至未從中感受到快樂，那不是娛樂，而是上癮。零碎時間被吃掉，享受好處的不是我們，而是大型科技公司。我們失去的每一分鐘，累積成一個又一個小時，甚至更多時間。試想，假如我們能運用零碎時間去做更有價值的事，該有多好。採用箱型時間，並且有意識地使用這些零碎時間，你的一天也許能多一

11是指工作記憶資源的使用量，執行的任務越複雜或不熟悉時，就會占用越多的工作記憶。

小時有生產力的活動時間。

無底洞

知識工作沒有明確的盡頭。有生產力專家建議，針對這個狀況，最好的做法是接受它和不要在意它。最常見的例子就是電子郵件：當你收到很多電子郵件，一一回覆後，就會收到更多的回信……永無止境。

這麼說並不完全正確。雖然，真的不會有最後一封電子郵件（從這角度看真的沒有止境），但是電子郵件的確替我們傳遞許多有用的資訊。雖然寄出郵件之後，收件匣的信件會變多，但是在那一陣子的電子郵件往

〈圖 5〉 箱型時間提高生產力

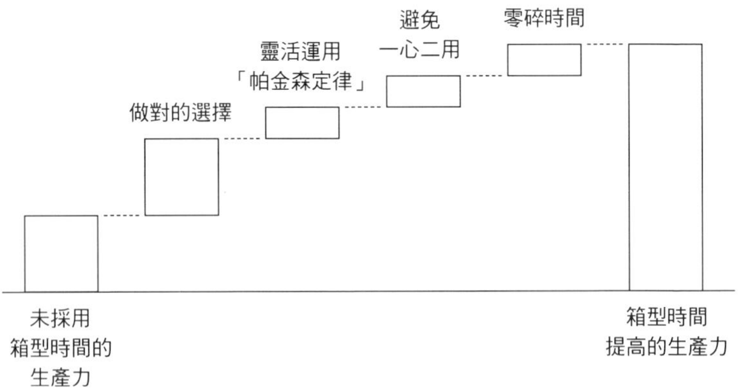

來，到了某個時間，你的計劃終將完成，也許是生意談好了，也許是團隊成員比之前更有參與感。你當然需要管理自己的收件匣，不能讓它影響你的情緒或妨礙其他該完成的事，後續將在第11章說明如何防範。

如果能夠考量到所有相關聯的因素，包括處理對的事情、時間箱效益最大化、以一心專用取代一心二用、從看似無止境的任務獲取價值，生產力將能大幅提高。有個有趣現象，就是一個正在節食，懂得計算和控制熱量攝取的人，會比沒有在計算的人多減掉一倍的體重。用數字估算效益或許過於單純，但是如我在二〇一八年發表的文章所說，箱型時間若運用得當，至少能提高一倍的生產力。

■■■■

本章我們討論箱型時間帶來的好處。這些好處包括有：讓你更快樂、更聰明地思考、與人合作更順利。你應該已經慢慢了解到箱型時間的無窮威力了。

但是箱型時間的好處不光是如此……

本章回顧

■ 善用時間完成更多事是值得追求的目標。
■ 箱型時間帶領我們專注在對的活動上，以提高生產力。
■ 帕金森定律有科學研究的佐證。善用這項定律可以提高三分之一的生產力。
■ 一心二用會使生產力下降，幅度高達百分之四十。
■ 比起聽令應用程式演算法做事，有意識地善用一天當中的零碎時間，有可能讓你一天多獲得一小時。
■ 整體而言，箱型時間能使生產力提高一倍。

想一想

■ 你的注意力都有放在對的事情上嗎？你認為自己在工作上，還是在家，比較會把注意力放在對的事情上？

■ 你會一心二用嗎？通常是發生在什麼情況？你覺得自己有需要改變嗎？

■ 誰是你人生最大的時間小偷？社群媒體、串流服務？還是你喜歡跟別人爭論？有沒有什麼上癮的事？或是愛操心？習慣拖延？

我掛上電話，猛然意識到，
他長成了跟我一樣的人，
我的兒子變得跟我一模一樣。

——哈瑞崔平（Harry Chapin），
一九七四年歌曲〈搖籃裡有貓〉（Cat's in the Cradle）

8

它幫助你更有意識地生活

約 2500 字

約 8 分鐘

#人生 #目的 #意義
#規劃 #選擇生活 #後悔
#意圖 #酸楚 #珍惜

善用時間才有美好的人生。

箱型時間可以幫助你善用一段十五分鐘的時間、一段一小時的時間，或是一整天的時間。以上三種是箱型時間最常運用的時間區段，而這些時間區段可累積成一個又一個星期、一個又一個月、一年又一年。箱型時間就是透過這種方式，幫助你選擇並改變整個人生。那是你在這個宇宙和永恆時間之中，所能夠擁有和影響的生命。

人類生命有一項關鍵特質，就是如奧利佛．柏克曼所說，「非常有限」的生命裡，存在著可以選擇做何事的絕佳機會，幫助我們成就不凡人生。

截至目前為止，箱型時間的各種優點已拼出一個完整的故事——它讓我們更快樂、更聰明思考、更順利與人合作以及達成更多的成就。這些好處會互相結合並不斷增加。我們會在這個過程留下所有歷程，也就是第3章介紹的可供搜尋的日誌紀錄。這些足跡將隨生命的演進積累。主動選擇短期和長期想要擁有的未來，可以確保那些就是我們想要的豐富足跡。箱型時間足以助我們一臂之力。

短期目標

讓我們將未來十二個月看作短期目標。

生活有許多不同面向，把我們拉往各種不同方向。箱型時間鼓勵我們思考這些拉力，並且有意識地去平衡。這是非常實際的做法，舉例來說，假設你認為應該要花更多時間創作，請找出相關活動，將那些活動做成時間箱、排進行事曆裡，並且用藍色[12]之類的特殊顏色標示。你的行事曆馬上就能以視覺化的方式呈現目標進度，由於特殊色不多，所以有很好的提醒功能，告訴你此時需要採取改進措施。

你甚至可以把目標設定得再精確一點，例如：要用百分之二十五的時間創作。這些紀錄可以供你事後檢視，進行微調，而且如果你同時使用 Google 的 Time Insights 或微軟 Outlook 的 Viva Insights，甚至能夠達到某種程度的自動化。

12研究顯示藍色可以幫助人們發揮創意。

我們有必要好好思考哪些生活面向很重要，檢視過往的行事曆正是尋找靈感的最佳方法。以下列出常見的生活拉力，希望你能從中找出深具意義的生活領域：

- **工作與休閒**：這是最常見的生活拉力，但是非常重要。對你來說，健康的平均工作時數是幾個小時？請設定時數、執行，並在到達時收工，不再繼續工作。你會需要一些裝置和軟體，在工作侵入休閒時間時，幫助你採取相應的措施（參見第23章）。
- **照顧自己與對他人負責**：你有沒有花足夠的時間照顧自己？你有沒有冥想、運動、控制飲食、寫日記、進行治療、反思？
- **學習與工作**：你的工作時間有沒有包含學習時間？你的雇主有沒有提供這樣的時間？如果沒有，也許他們應該要這麼做。現在有許多雇主會提供員工每星期一小時的學習時間。
- **與工作有關的拉力，像是進辦公室或在家工作、日班或夜班、重複或具挑戰性的工作**：你有沒有認真想過怎樣的工作適合你和你的家庭？如果有，你有沒有盡全力改變？

- **社交、家庭與個人**：你是否能夠依照自己的想法或花足夠的時間陪伴好朋友？甚至於，你真的知道誰是你的好朋友嗎？你有沒有和家人共度有品質的美好時光，諸如有沒有跟家人一起用餐？用餐時有沒有專心在當下？
- **生產力與休閒時間**：我們還可以選擇在工作之外的領域發揮生產力。鍛鍊身體、體育活動、演奏樂器、閱讀書籍、打理生活事務、學習新語言都是。不過話說回來，你是否花太多時間去做這些事？也許你需要增添一點趣味和無關緊要的小事？如果是，要在什麼時間、增加多少？請製作相關的時間箱！
- **十二個月內的「短期目標」與超過一年的「長期目標」**：你有沒有在短期和長期目標之間取得妥善的平衡？對你來說，這個比例的平衡點在哪裡？
- **伴侶與小孩**：如果你有伴侶和小孩，你有沒有花足夠的時間，與家中的每位成員共度有品質的美好時光？有沒有哪個人被你忽略了？請想一想，做好決定再準備行動。

長期目標

在不久之前，對人類來說，思考長期的人生目標不屬於有意義的事。因為那時候人們的壽命沒那麼長，選擇也不是很多。但是現在我們的平均壽命增加了，在英國，每三個嬰兒當中，就有一人應該能夠活到一百歲，而且如本書所說，我們面臨大量的選擇，包括當下要從事的活動、人生方向（住哪裡、跟誰一起生活、從事何種職業、培養什麼技能等）。

若是去上教練相關課程，教練通常會要求學員在課程初期就寫下人生目標。這些目標具有提醒功能，是學員從現在通往未來目標的墊腳石。時間箱就是這些幫助我們前進的墊腳石。

當我們來到生命終點，往往會希望自己在回顧過去時，感覺到時間用得有意義，不至於太過後悔。因此，檢視年長者在離世前說的話，經常能讓我們感受那份酸楚，獲得啟發。這些遺憾包括了：

- 花太多時間擔心
- 沒有存夠退休金
- 沒有忠於自我
- 沒有多出門旅行
- 沒有花足夠時間與家人、朋友相處
- 沒有追求熱愛的事物：許多長者後悔年輕時不知追求夢想
- 沒有好好照顧自己的健康
- 沒有為自己挺身而出
- 沒有進一步開拓學習機會
- 沒有表達心中的愛與感激

如果你因此受到啟發，想要避免這些遺憾，箱型時間可以幫助你。假設你想多看看這世界，你可以思考什麼時候要去哪裡、可能要花多少錢，並且擬訂計畫。每個月安排一個重複的時間箱來擬訂出遊計畫，是個不錯的開始。

你也可能需要財務規劃，來幫助你實現目標。在你成功出門一、兩趟後，你將更有信心，明瞭自己會在未來達成更多類似的進階目標。十年以後，你將成為那個可以四處旅遊、遨遊天地的人。

但，多采多姿只是其中一種有意識、用心的生活方式。我們需要做很多重複的例行事物，諸如吃、喝、睡覺、思考以及與周遭的人互動往來。我們可以設定通知，提醒自己要有更豐富的飲食習慣、適量飲酒、好好睡眠獲得充分休息、培養正向思維和向他人表達善意。箱型時間可以幫助我們用更健康的方式，更有意識、更快樂地去完成這些日常活動。

長期目標也可以延伸到我們離開這世界之後。我們的每一個舉動都會引發漣漪效應，不管是正面或負面行為，都會影響到年輕人（包括自己的孩子在內），以某種形式延續下去。我們可以選擇打破惡性循環，並且開啟善的循環。這就是這一章章前引用的歌詞，所要傳達的警告與機會。

更有意識地進行每一天的每件事，最後將形成人人都渴望擁有的，由自己選擇、受到珍惜的人生。

我們在前面幾章說明了採用箱型時間的主要優點：提供紀錄，這是與過去相關的優點；帶來內心寧靜、聰明思考、與他人合作、提高生產力，這些是與現在相關的優點；更有意識地生活，則是與未來相關的優點。

我將這些優點彙以如下圖呈現，應該更能鼓勵你使用箱型時間。

在這個廣袤無垠的宇宙裡，我們唯一能夠確定的只有現在的數十

〈圖 6〉　箱型時間與過去、現在、未來

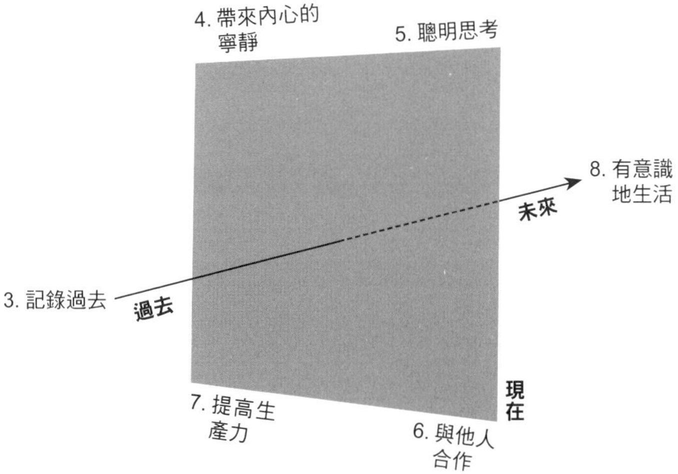

註：圖上數字代表本書各章節。

年光陰，並在這段期間做出各種決定。我們必須好好把握，透過選擇，成就內心真正想要度過的人生。

本章回顧

- 你怎麼運用每一天的時間，加總後就是你怎麼度過人生。
- 想一想目前遭遇的生活拉力，以及你現在的做法、時間分配，在比例上是否恰當。這樣思考將帶給你啟示。
- 請思考你長期的人生目標，有哪些里程碑有助於達成目標，以及哪些當下和短期的時間箱可以帶領你朝目標邁進。

想一想

- 本章所提的短期生活拉力，哪項令你感觸最深？
- 你可以做哪些小改變以改善短期的生活拉力？
- 前面提到的人生遺憾，你覺得依目前情況，有哪些可能發生在你身上？你可以如何規劃預防遺憾發生？

PART 2

計劃

現在，我要告訴你如何在一天開始前，安排好時間箱。

制訂計畫需要：

維持一致性、運用待辦清單、預估任務時間並適當排序。

請牢記，這十五分鐘的規劃時間很重要，

將影響接下來的十五小時。

在知道更好的方法以前，盡力做到最好；
知道更好的方法以後，要做得更好。

——瑪雅．安傑羅（Maya Angelou）
美國作家和詩人

9

基本原則

約 2100 字

約 6 分鐘

#基本要點 #打好基礎
#行事曆 #心態 #環境
#工作區域 #干擾因
#專注 #智慧型手機

這個篇章很輕鬆。如第1章所講，在某種程度上，我們已經在採用箱型時間，所以使用箱型時間對我們來說是很自然的事。因此，你不需要做太多準備，就能動手操作。

撥出一點時間：15換15

首先是為「箱型時間」做時間箱，這不只是一句加強記憶的口號。執行箱型時間有個關鍵，如第1章所說，**你要在適合做決定的時間事先選定要做的事**。這代表我們必須在執行任務前，在行事曆上，安排一段時間來規劃每一天的時間箱或是更長遠的活動。

以每日行事曆來說，最好是在前一天晚上或工作當天早上規劃。前個晚上規劃的好處是有多一晚的睡眠時間，大腦會利用那段時間將你的想法再去擴展發想或是更加鞏固；當日早上規劃的好處則是早上時思緒比較清晰，而我個人比較喜歡後者。

你不需要花太長的時間規劃。十五分鐘就能安排完一天的時間箱，但這樣關鍵的短短幾分鐘，會大幅影響你一整天的十五小時。所以，請在行事曆上排入這十五分鐘的規劃時段。請注意，這是**每日活動**，它會是你每一天最重要的一項行程，所以請設定成週期性的排程。此外，請讓這件事更具吸引力，尤其是剛開始時。舉例來說，也許你可以在早上規劃日常時間箱時，搭配一杯你最愛喝的飲料。

這十五分鐘的規劃時間帶給你掌控力。很多人一早起來第一件事就是打開收件匣。但，讓我們來比較一下這兩種做法。假設那十五分鐘你處理了十封電子郵件，這當然也是一種推進工作，但是你不會知道：之後還有多少工作要做、每件事的優先順序、哪件事尤其需要做好準備、需要留言給誰、何時可以休息等。但箱型時間讓你清楚掌握這些情況，給你明確的計畫與掌控感。

你也要以星期、月分、季度、年度為單位，進行長期的規劃，以確保能長時間地落實箱型時間。做長期規劃可能需要用到一個小時以上的時間，不過我們在此的重點還是放在每日時間箱。

正確的心態

想讓箱型時間發揮效果，你必須要有正確的心態——敞開心胸，相信箱型時間可以幫助你釐清要在什麼時候做什麼事，按部就班地操作能帶來快樂。歡迎你用批判的眼光看待它，這樣反而更有幫助；若你從頭到尾都對它堅持不信，那也不一定是好的。不過既然你正在讀本書，應該是能抱持正確的心態，認為箱型時間真的可以幫助你，你也已經曉得箱型時間的好處。

適當的環境

請打造最適合的實體環境，帶你順利進入、停留在適合規劃時間箱的思維方式。請妥善運用五感來幫助你思考和安排適當的時間箱。

- **視覺**：關閉3C裝置的通知功能、減少使用會發出通知的3C裝置，並且關掉不需要的瀏覽器分頁，例如：一般電腦請按F11，Mac電腦請按Command + Control + F或Fn + F進入全螢幕模式。規劃時，請讓行事曆在你的正前方，成為視覺焦點。在實體環境方面，請調整燈光、維持工作區域的整潔。讀完這項重點，請花幾分鐘思考一下，你的主要工作區域或待很久的地方，是怎麼樣的視覺景觀。不用多想也知道，應該要把視野所及範圍，整理成不易分心的樣子。但根據我的經驗，九成五的人都做不到。

- **聽覺**：針對場合挑選適合的聲響，可以考慮：播放音樂、無人聲的音樂、降噪或是不播放音樂。
- **嗅覺**：包括使用香氛蠟燭、擴香產品、打開窗戶、選用最喜歡的香氛。
- **味覺**：把想吃的點心、想喝的飲料放在桌邊，不要給自己得放下手邊任務，跑去廚房、餐廳或咖啡廳的藉口。
- **觸覺**：保持正確姿勢，工作區域要擺放不會讓你心煩意亂，有助你專心工作的軟硬體設備。

大部分的人喜歡自己規劃自己的每日時間箱。決定如何度過一天是很個人的事。所以，如果你有自己的辦公室，請關上門，用這方式讓別人知道沒事不要來打擾你。

環境對養成習慣很重要。在大門貼一張日常必需用品的清單，寫上鑰匙、錢包、手機等物品，可以預防不必要的錯誤。早上的時候就把睡前要看的書放在床上，可以提高你當天晚上讀那本書的機會。請想一想你從早上起床到晚上睡覺，這一整天會接觸到哪些東西（實體或數位），哪些讓你覺得有動力、可以有效專注？哪些讓你覺得缺乏動力、感覺很差，甚至分心？請讓自己多待在好的環境裡（參見第19章）。

數位行事曆

你真正需要的工具就只有行事曆。當然也可以使用紙本行事曆，或是那些網路上號稱「時間箱專用規劃簿」的花俏筆記本，只不過紙本行事曆比數位行事曆少了很多功能。如果你使用的是數位行事曆，只需要搜尋關鍵字，就能查出重要資訊。你可以輕鬆地與同事、朋友、家人共用檔案。數位行事曆可以使用加密技術和密碼來保護資訊，還可以進行雲端備份，並在所有裝置上面同步。我非常建議大家使用數位行事曆。

數位行事曆是有一些比較不那麼重要的功能，你可以先不必理會。許多數位行事曆附有進階功能（即使很少人會或需要使用），請直接忽略它。現在甚至還有可幫忙製作時間箱的軟體，你也不用考慮那些軟體，待第23章再來說明。

動手製作時間箱

請打開你的數位行事曆，配合日常的生活步調，在明天早上你的起床時間後，加入十五分鐘的預約行程，標題設成「製作今日時間箱」。記得將這個預約行程設為每個平日重複，利用這段時間替每一天的時間箱做安排。這是你邊做邊學的沉浸式體驗。

十五分鐘、正確的心態、適當的環境、數位行事曆，是箱型時間的重要元素。不過想要製作適合的時間箱，還有個很重要的部分，就是大家都知道、也經常使用，但近來也備受批評的「待辦清單」。

本章回顧

■規劃時間箱並不需要太多準備就能開始。

■你只需要：

- 正確的心態
- 適當的環境
- 數位行事曆
- 安排行程的十五分鐘

想一想

■環顧一下你的辦公室或居家工作環境。它能幫助你做出哪些有益工作的行為，或導致你做出哪些不適當的行為？

- 對你來說，規劃行程的十五分鐘時間箱，安排在什麼時段最適合？你沒有現在就動手做的理由是什麼？
- 如果你沒有數位行事曆，請立即安裝一款軟體。如果你已經有數位行事曆，請檢視軟體設定，讓你使用起來更順手。

更新清單，
列出一件事情，
再列一件事情，不全部做完。

——佚名

10

待辦清單

約 4600 字

約 13 分鐘

#待辦事項 #清單
#提示功能 #排定優先順序
#記憶輔助

這是本書最重要的一章。

待辦清單是列出你預計要完成的任務，通常會用來幫助我們記憶該做的事項；行事曆則是用來記錄、規劃活動的工具。箱型時間將這兩者結合——**把待辦清單中的適當項目排入行事曆，並確保該活動會在規劃時間內完成**。待辦清單和行事曆可以說是本書的兩樣前導元素。

有超過四分之三的人有寫待辦清單的習慣，但我懷疑有多少人能夠好好利用這些清單。待辦清單通常只會寫給自己看，所以我們很難知道別人是怎麼運用，也不好分享做法、去修正或評估使用成效。從網路資料和書籍文獻即可看出這點——缺乏有力的研究或分析，而且論點站不住腳，說服力也不足。

本章要用比較長的篇幅來說明待辦清單的重要性。我會解釋待辦清單的本質以及它的由來與應用，希望能幫助你善用待辦清單。

為待辦清單辯護……

待辦清單不受大家關愛的原因，不外乎以下幾項：

- **難以管理**：生活中有太多事來自截然不同、無法並列比較的領域，導致待辦清單實行起來缺乏效率、難以落實，它甚至有《深度工作力》作者卡爾．紐波特所說「不符合人性」的問題。所以，待辦清單反而會造成壓力和挫折感，幾乎無法達成任何進度。
- **不切實際**：待辦清單讓我們對自己抱持不切實際的期待，不僅把我們弄得筋疲力竭，還有可能因此產生挫敗感。許多人常說待辦清單上有百分之四十一的項目不會完成。
- **平凡無奇**：待辦清單的重點在於零碎、緊急的任務，而不是去實行更大的人生目標與價值。

但是這些反對意見只是不贊成我們用錯誤的方式去使用待辦清單。刀具、交通工具、字彙……所有的人為發明物，都有可能運用不當、達不到預期效果，甚至被拿來做壞事。但錯的是使用方式，不是發明物本身。我們將從本章了解，待辦清單完全可以反駁前述反對意見。

待辦清單值得讚許的地方……

待辦清單不僅沒有前述的缺點，它還是個不可或缺的工具。

待辦清單列出你認為重要的事，那是你的行程規劃、你的選擇、你的主動行為。它和塞滿他人訊息及要求的收件匣不一樣。

待辦清單最基本的功能是備忘錄。我們經常被生活中一個又一個的想法、訊息、通知、體驗追著跑，被弄得疲憊不堪、手忙腳亂，導致我們忘記許多重要的事。待辦清單可以說是劃時代的發明，簡單容易上手，就能確保我們不會把事情忘掉。除此之外，待辦清單為工作記憶（working memory）提供了喘息的空間。當我們有事情要處理，原本涉及認知的思考活動會轉換成為不太需要發揮認知能力的活動，這樣的轉換有助於卸除心智的負擔和減輕壓力。

它也顯示出我們深具潛力。我們在這個地球上，以自由靈魂的身分，從各式各樣的想法、活動、靈感中，挑選出打算實行的活動。那些想法、活動、靈感來自多采多姿、幾近無限的「可行清單」。這份清單就是我們的野心與能力。

待辦清單在每一個人的工作和生活中，都扮演了至關重要的角色。

但是，儘管待辦清單不可或缺，它卻無法幫我們把事情做到滿意的程度。待辦清單只告訴我們，應該在某個時間點要去做一件事，而箱型時間訂出那些時間點，確保事情在未來真的發生。

待辦清單包含的內容？

待辦清單是箱型時間的先決要件，所以我們必須先了解什麼是待辦清單。讓我們順著前因後果想想：待辦清單上的事項是怎麼來的？主要有五個來源：

①**想法**：你想起上星期答應別人一件事；你淋浴時閃過一個靈感；在火車上看見跟老同學長得很像的人，突然想跟同學敘敘舊；做白日夢時，你腦中飄過充滿創意、可能有用的點子。我們的大腦一直處在活動狀態，而且有很多無法預料的事。很多來自環境的外在刺激，也都無法預料。因此念頭、想法、事件、靈感，提供了行動構想。建議你在待辦清單中規劃一個待學區，寫下你有興趣，但還沒有時間去學的事物。

②**訊息**：我們每天收到超過一百封電子郵件，簡訊和社群媒體應用程式產生的訊息量更是不遑多讓。這些訊息很多是自動產生或自動發送，不僅不相關，也沒重要到必須去處理。但是某些需要思考和回應的訊息，就可以寫進待辦清單。其實，即使是只需要略做回應的小事，也會是需要處理的待辦事項。

③**會議或與人對話**：我們每天的工作有四分之一花在開會上，有調查顯示每天至少會有二十七段對話，這些即時的人際互動引來各式各樣的任務。有可能是老闆直接指派給你，有可能是因為跟年長的鄰居閒聊，所以答應幫忙修理籬笆，也有可能是在一場業務會議結束時，被指派要做什麼事。

④**工作本身**：你會在寫完銷售簡報後發現需要事先演練；你會在撰寫商業企劃時發現需要研究市場；你會在使用客戶關係管理軟體時發現有幾項內容需要補齊；你會在登

入任務管理軟體後發現有一系列工作等待完成……工作就是這樣，會衍伸出更多工作。

⑤**生活瑣事**：我們有很多私人事務要打理，包括：洗衣、打掃、購物、付帳單、煮飯、保養汽車、修繕房屋、整理花園農圃、運動、個人健康、假期規劃、照顧家人或寵物、丟垃圾、做資源回收、打理社區事務等。在這當中，有許多固定重複的事，也有較難預料的事；有些事情跟家庭成員有關，特別是住在一起的家人。這些都是要處理的事，不管我們想不想做都得完成。

現在，你已經能依照前述的五種類別將任務歸類。分清楚任務的來源，並且調整它們寫進待辦清單的方式，可以帶來很大的改

〈圖7〉 待辦清單從何而來

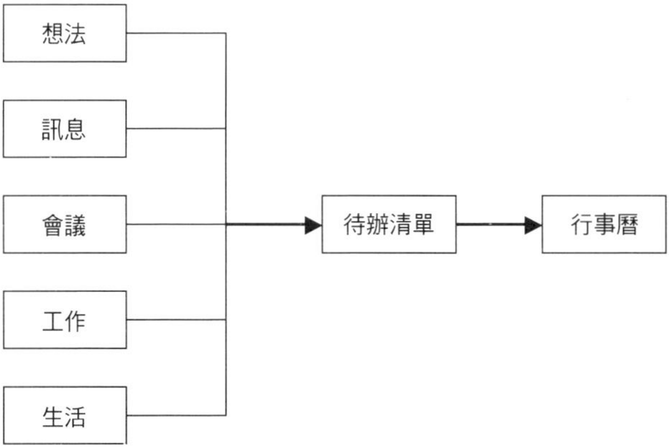

變。對很多人來說，任務來源和待辦清單之間，沒有適當連結，所以很容易漏掉一些事，導致事情沒有完成的一天。你偶爾會遺漏要事，為工作或家庭帶來嚴重後果。如果不想遺漏事情，就不能輕忽這個連結。想要知道自己有沒有掌握好連結，就要全面考量，一路回溯到最源頭。

待辦清單要寫什麼？

待辦清單上的事項可以做成時間箱，寫進行事曆。當你準備花時間使用數位行事曆，在適當環境、以正確心態規劃時間箱時，你會需要製作時間箱的素材，而這些素材就來自你的待辦清單。將待辦事項寫進時間箱，完成這一天的任務後，原本的任務清單就會變成你的「達成清單」。

此外，不是每個點子都是好點子，不需要的待辦事項必須送進垃圾桶！再說，從把想法寫進待辦清單，到真正要實踐時，事情可能已有變化，讓這件事變成多餘的想法。請注意，想「把待辦清單上的事項統統完成」是個錯誤的念頭。

該用什麼方式完成？

雖然世界上有數十億人口會寫待辦清單，但是對於待辦清單究竟該怎麼寫或完成，卻沒有個共同概念。以下內文是我讀過相關內容後，加入箱型時間元素，希望能幫助大家把這個被忽略的重要事項做得更好。

■ 拆分成可處理的單位

將任務拆解成可以處理的塊狀。某人可以處理的單位不一定適合另一個人，因此一般共識是時間不要超過半天，理想狀態是最多一、兩個小時。我也贊同這樣的時長。但是有些任務需要的時間可能很短，例如提醒自己寄追蹤郵件或回家途中買牛奶。所以採用箱型時間的時候，你可以先把下個要做的事記在心裡，再去進一步拆解或統整，不需要一次做完任務的拆分。

請記下任務的細節，以便你回頭審視清單時，可以快速想起要做的事。例如，「研究靈魂旅行」這個待辦事項，如果只寫「研究」的話，幾小時或幾天後，你就看不懂意思了。至於預估時間、重要程度、緊急程度、依存性、合作者、截止期限、最終目的、類別等，有可能是有用的額外資訊，但並不一定要寫出來。

流程

請參考前面提到的資訊類別，為任務歸類，並配合最重要的生活面向，將這些類別系統化。舉例來說，全世界有十二億人使用微信、兩百萬人使用 WhatsApp、五百萬人透過簡訊發送和接收訊息。你若不願意忘記履行承諾或完成任務，就需要一套系統，幫助你分辨何時要把聊天訊息變成該執行的任務。例如，標上星號或書籤的訊息表示要有後續動作，以及根據訊息需要處理的時間，來製作有可能需要循環出現的時間箱。重點在於將會形成後續任務的事項，移至待辦清單及時間箱，整套流程才不至於中斷。

其他會形成後續任務的活動，也要建立待辦清單寫入行事曆。不要相信你的記憶力，因為記憶不完全靠得住，要是發生意外，你可能會嚴重受挫。

有些人會寫好幾張待辦清單，細分成：工作、社交、財務、居家修繕、家庭活動、個人活動等。對大部分的人來說這樣做會降低生產力，因為我們必須把這些放在不同地方的清單互相比較，以辨別各項任務的重要和緊急程度。而最後，我們每一個人只會有一套自己的時間計畫。從這個角度看，一個人只要有一份涵蓋全部事項的待辦清單就足夠。這對區分寫進待辦清單的事項，尤其有幫助。

請以「動詞」為開頭，因為動詞代表你要去「做」某一件事。

依照重要性替任務分類，並維持分類——這是最重要的一點，不過在細節上卻有許多不同的意見。包括卡爾．紐波特在內的一派人士提倡把類似任務集合成一組，分批次處理，並在不同批次的任務間安插休息時間，好讓我們能在處理下一項任務前，消除先前的認知脈絡。這麼做非常合理，但缺點是，可能無法及時處理藏在一大批任務裡的緊急任務。另外一派包括我在內的人士，則是提倡要依緊急或重要程度來分類。以下提供一套非常簡單的規則，幫助你從一長串的可能任務中，挑出適合歸為一組的任務：

- 將任務貼到電子試算表上。
- 在任務名稱旁邊的欄位，使用一到十的數字，標示任務的緊急或重要程度。
- 依照數字大小整理欄位順序。
- 把焦點放在前幾項的任務（排在後面的就是比較次要的）。
- 原本一大串五花八門、分不清重要程度的煩人事項，已變成一張精簡的「必須完成的事項清單」，你可以鬆口氣了。

• 這一長串非重要事項也需要好好處理。你可以刪除，也可以另外安排時間重新審視。有些事項過段時間後，重要程度會提高。

請想想哪一種分類方式比較適合你，但不管你選用哪種方式，都需要將事項分門別類。當你缺乏一套值得信任的排序方式時，你會不斷地自我質疑、看輕待辦清單、心想是不是該把另一項任務排在前頭。井然有序的清單可以消除選擇的焦慮，這也是一次做一件事的力量。

你要有固定刪減待辦清單的習慣。刪減待辦清單也是個可以排進行事曆的任務，而且非常適合設成重複的週期性行程。將待辦清單上需要刪除的事項扔進垃圾桶，是正常且重要的工作。

提醒你，只要上網搜尋，就可以找到許多現成的待辦清單格式，也許會對你有幫助。這些清單可能會涵蓋：旅行、露營、有趣的對話、購物、居家打掃、搬家、為面試做準備、居家安全、裝修、人生願望清單等，所有別人的好點子和分享的好方法你都可以去學習使用，甚至也可以請生成式AI幫忙你製作待辦清單。

■ 做法

我最喜歡的做法是使用數位科技和把待辦清單儲存在雲端空間。那樣就可以有超連結、與他人共享、複製、貼上，備份起來也比較方便。這些也是數位行事曆使用者喜歡的優點，但不管寫在哪裡，你一定會想要快速存取待辦清單。好不容易有靈感閃過，你不會希望還來不及記下，就忘記了，我們要盡力地減少阻力。

我自己是有開 Google 文件隨手記錄待辦事項的習慣。如果事情太多，開始感覺手忙腳亂（像是休假完累積一堆事要做時），我會依照前面的方法，把待辦清單貼進電子試算表，依照重要性排序，進行分類、製作時間箱。

■ 勇敢作夢

待辦清單上會有許多平凡無奇的事。目前為止，本章所提的例子大多是這種類型。但是把待辦清單侷限在此，也就侷限了你的人生。你也許會覺得夢想很遙遠、難以企及，但是你跟夢想之間的距離，也許只是一條待辦清單上的事，少了幾個時間箱。不管你是想學習新語言、轉換工作跑道、宣傳你的理念，還是成為更善良的人，你都需要先踏出一小步，而待辦清單可以是你的臨時棲所。

待辦清單不會妨礙你，而是會給你幫助，不要想太多，也不要把事情複雜化。如果你每個細節都想記錄下來，或按照某些生產力大師的話，追求某些成效，像是每天要完成多少重要任務、多少清單任務等，你就無法落實這項重要習慣。本章最重要的觀念是，你要檢視待辦清單的內容來源，並為每件任務做分類，再來就是要用那些事項製作時間箱。

本章回顧

- 待辦清單是箱型時間的關鍵，大部分的人都擁有這份清單。
- 任何靈感、訊息、會議、工作、生活事項等，都可以寫入待辦清單。
- 請將待辦清單事項移到行事曆上的時間箱（或垃圾桶）。
- 好的做法有：拆分成可管理的小單位；區分輕重緩急；每隔一段時間就整理；使用數位科技並放到雲端；要勇敢作夢。

想一想

- 想想你的待辦清單上有哪些類別的活動？是否有本章未列出的類別？你在哪種活動上投入最多時間和精力？哪個是你喜歡的活動類別？
- 你能不能改善寫下待辦清單的流程？你打算如何進行？何時進行？
- 檢視你手邊的待辦清單，能否用五分鐘時間修改一下？
- 你是否認識哪個從來不會忘記事情的人？請教對方如何整理待辦清單？

為何有這個箱子？

——莎士比亞《冬天的故事》（The Winter's Tale）

11

製作時間箱

約 3000 字

約 9 分鐘

#組合 #批次 #區塊
#詮釋資料 #關鍵字 #主題標籤
#行動詞 #電子郵件

現在我們有一份待辦清單了，具體來說，我們手上有各種不同小大且經過排序的任務，以及一套任務更新系統。

我們已經準備好要進入製作時間箱的環節了。第11、12、13章的重點在於建立和安排時間箱，這是相當直覺的活動。想想看，如果你一天製作二十個時間箱，一年製作七千個，你的人生最後將會製作數十萬個時間箱，因此這兩件事十分重要。這是個讓人擁有力量的了不起做法。

該納入哪些事？

哪些事可以納入時間箱？舉凡你需要或想要做的事，只要拆解成可以處理的單位就能納入時間箱。這些事情來自你的待辦清單，就如第10章的說明，源自於你的想法、訊息、會議、工作和生活。如果待辦事項很瑣碎，可能需要加以組合，如果待辦事項很龐雜，則有可能需要拆分。

一般而言，時間箱不外乎下列幾種：

- **規劃時間箱這段時間**：如第9章所說明，當天之前，十五分鐘左右的規劃時間。
- **任務**：時間箱裡的活動是主要使用情境，例如：帶小孩到公園玩、晾衣服、跟女朋友吃午餐、撰寫報告、審閱評鑑、修正企劃案數據、星期二晚上倒垃圾……
- **提醒**：聯絡某人、追蹤電子郵件、買禮物……
- **會議準備**：理論上每一場會議都很重要，所有重要的會議都需要準備。適時安排時間箱為會議做準備很重要，也許是自己一個人準備，也許有其他與會者幫忙。請注意，會議準備常會因行事曆裡的其他活動而產生。例如，在你規劃星期二的時間箱時，發現星期三有個會議需要做功課，於是你在星期二安排了會議準備的時間箱。
- **通勤**：如果你需要花時間前往某處，請在行事曆上標註兩地移動的時間。這段時間可能沒法做什麼，但是可以考慮安排一些比較娛樂性或教育意義的活動。這樣的通勤時間箱，標題我通常會寫：「通勤／（某某活動）」。
- **休息或運動**：提醒自己要休息和運動，用這個方式告訴別人，你在某段時間已經有安排好的事了。
- **重複會議**：我們有很多固定的開會行程，其中有一些會議確實需要定期進行。這時候設定週期性的行事曆預約行程既符合邏輯，又能兼顧效率。不要因為這些是自動提醒的行程就認為它不重要，這些是重要行程，而且定期會議的存在，表示有定期事先開會準備的「會前會」需求。

- **個人事務**：不管我們怎麼區分工作與生活，所有活動都受每天二十四小時的限制。所以，請將生活各領域的時間箱安排在同一個行事曆裡（參見第6章）。

組合與拆分

有些任務非常瑣碎，例如，把髒衣服放進洗衣機、告知對方收到電子郵件或是回傳訊息表達謝意，雖然只需要短短幾秒卻會影響生活。為這類任務安排時間箱其實有點麻煩，但又很難確切說明難在哪裡。解決之道就是：將這些小事組合成大一點的任務，將其命名為「雜務」或「瑣事」。集中起來一起完成，享受隨之而來的解脫感。

處理電子郵件是最常見的例子。許多生產力大師提倡可以指定一段不干擾固定工作的時間，專門來查看、回覆郵件。有些電子郵件需要集中精神才能專心處理，這時候就需要安排獨立的時間，而且不要只寫「電子郵件」，要直接標明主題；其他的電子郵件可以用玩遊戲的心態，在時間箱裡記錄，處理之前本來有多少封郵件，處理之後剩下多少封。這類時間箱，我會這樣標註：✉電子郵件〔34〕＞〔18〕。行政庶務和個人事務也可以這樣組合。

有時也會發生相反狀況，就是任務變得過於龐大。當眼前出現規模大得嚇人的任務，像是整理車庫、屋子重新裝潢、撰寫企劃案、網站改版等，我們會不知該從何下手。這時候請參考下一章內容，將大任務拆分成小單位，將其製成時間箱，化整為零。想要測試自己有沒有把大任務妥善拆成小任務的方法就是問一問自己，你是否清楚每個時間箱的第一步驟。舉例來說，標註為「用吸塵器打掃一樓」的時間箱，第一步是拿出吸塵器；標註為「開發票給客戶」的時間箱，第一步是從電子郵件找出相關的發票。

描述的文字

時間箱不需要太多資訊。所有行動的基本要點包括：**人物、時間、事情**。「人物」當然就是你，這是你的時間箱、你的行事曆、你的責任。「時間」方面的細節，留待第13章來說明。

「事情」是指時間箱的標題和描述文字，它應該要能幫助你確實完成任務，不會超過截止期限。因此，請考量以下幾點：

- **命名（必要）**：這點很重要，尤其是與人共用行事曆的時候。你會需要看見任務名稱，從中得知內容，做好準備、動力十足地踏出第一步。請使用有實際幫助和能喚起記憶的詞組，例如：專門術語、活動名稱、有辨識意義的數字。動詞也很實用，它能賦予你足夠的「執行」動力。以下是適合做為標題的動詞：

檢視、編輯、寄電子郵件、寫、讀、摘要、致電、思考、考慮、腦力激盪、計

劃、分析、準備、檢查、驗證、詢問、完成、改善、說服、回覆、拓展、增加、組織、提高、建立、決定、發展、評估、減少、合併、綜合整理、看、聽、幫忙、理解、學習、查找。

- **描述（非必要）**：你不太需要去描述時間箱。「柔術課」、「摘述下午四點的會議」、「修改檔案」就足以幫助你開始做事。如果還需要其他細節，附上網站、註解、文件等來源資料的連結或出處，會是比較合適的做法。
- **顏色標記（非必要）**：我們在第8章講過，時間箱可以引領你更有自主意識地去完成更大的人生目標。用不同的顏色來標示各種活動，就能讓你一眼看出，自己在哪些事情上花了幾天、幾個星期、幾個月，並進一步判斷是否需要或如何調整比例。我自己會用下面四種顏色標記時間箱：

■ **藍色——例行工作**　■ **綠色——高價值工作**
■ **黃色——休閒**　■ **紫色——寫作**

最近 Google 日曆的 Time Insights 功能可以做到這樣的分析。

〈圖 8〉

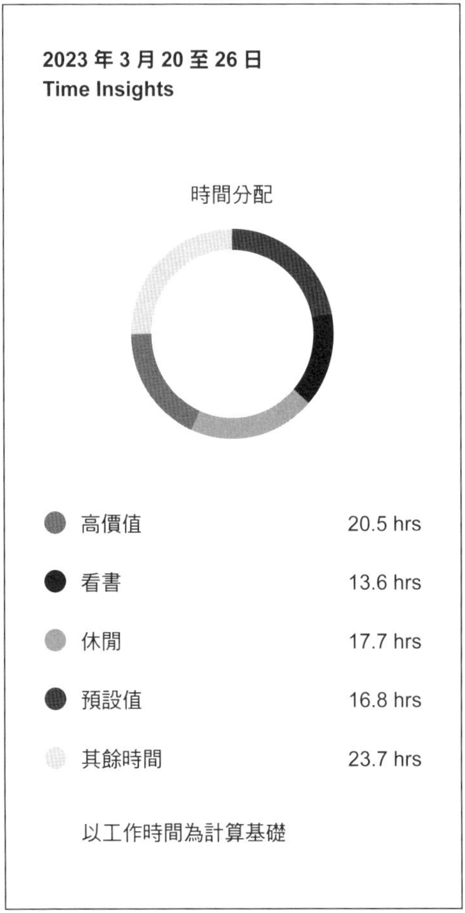

- **主題標籤（非必要）**：第3章提過，箱型時間是一套記錄系統。如果你能採用周密且一致的命名方式，記錄系統就能完善運作。你可以自己設計個人的標籤分類，只要在數位行事曆簡單搜尋，就能調出所有「#一對一開會」、「#銷售機會」、「#加班」或「#X計畫」的時間箱。
- **表情符號（明顯地非必要）**：可能有人會覺得這麼做很荒謬，只有少數人會有共鳴。在時間箱前面加入表情符號，可以提振心情。如果你非常喜歡這樣的做法，建議你不要太濫用，以維持表情符號的最佳效果。坦白說，我偶爾也會放表情符號，像是用🧠代表思考、用🚄代表通勤、用🐕代表遛狗、用🚸代表幫孩子準備出門、用⏳強調一定要好好控管時間。

製作時間箱不需要太多資訊，大部分的時間箱幾秒鐘就可以做出來。我們每天大概要製作二十個左右的時間箱，原則上，十五分鐘的時間就能夠全部做完。

我的範例

以下是我某天下午在撰寫本章初稿的行事曆。那天下午，我正在搭飛機橫跨大西洋，我花了大約十分鐘的時間製作當天下午的時間箱，這是我的例行工作。接著我為十三點四十五的活動寫下描述，告訴我自己，餐點送到座位四十五C時，我打

〈圖 9〉 我的 3 月 13 日行事曆

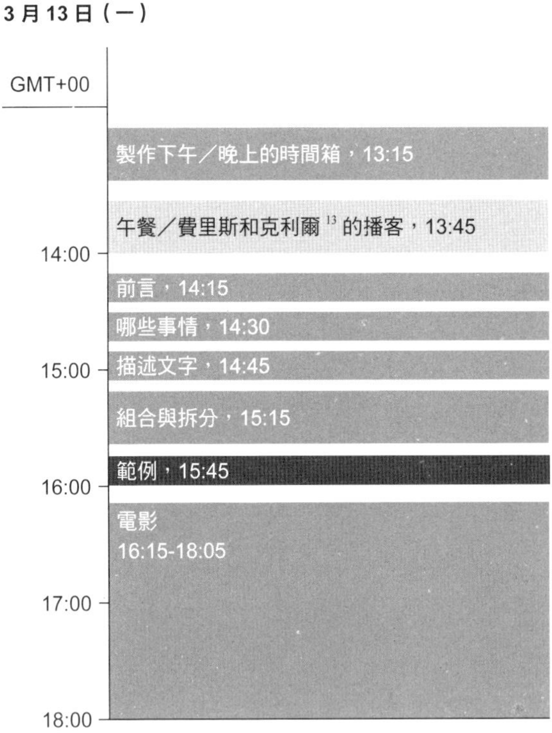

算聽從YouTube下載的音檔度過午餐時光。由於我已經在前面的時間箱分別做了充分規劃，所以我知道要寫些什麼，標題上頭只要寫幾個字、分別加上十四點十五、十四點三十等時間點的標示，就足以幫助我下筆。

雖然時間箱製作起來很快，但是能做出時間箱已經非常了不起，如果你跟別人共用行事曆，其他人都會看見你做出的時間箱。就算沒有共用，這也是屬於你的個人生產力系統。時間箱規劃得愈好，效果也會愈好。

13《原子習慣》作者詹姆斯·克利爾（James Clear）。

本章回顧

- 時間箱可以達成多種目的。
- 時間箱有兩種：當日或前一日的計劃時間箱（以十五或三十分鐘的時間來規劃日程）以及載明任務的待執行時間箱。
- 確定要放進時間箱的任務大小：不能大到令人望之卻步，也不能小到沒有絲毫的意義。
- 使用主動動詞及適當資訊描述任務，標題是關鍵。

想一想

- 你會逃避哪些類型的任務？那些任務有哪些共通特質？
- 想像你要執行一件很大的任務。你會如何拆分，讓任務變成易消化、易執行的量？

■看看你的待辦清單或行事曆。標題資訊明確嗎？標題能給你直接的提示嗎？能否以更有活力的方式來擬定標題？想像六個月或十二個月後再來回頭看，你還能看得懂嗎？

■重讀本章「顏色標記」的部分。你最重要的生活領域是什麼？請選出三至五項，你知道自己給這些領域分配多少時間嗎？

我們不會注意做好的事，
只會看見有待完成的事。

——瑪麗．居禮（Marie Curie）

12

時間箱大小

約 2300 字

約 7 分鐘

#預估 #練習 #實證資料
#取樣 #推斷 #時間概念
#選擇矛盾 #少即是多

我們要怎麼知道完成任務需花多久時間？要怎麼預估時間箱任務該分得多少時間？這是箱型時間最常被提到的問題。回覆某一封棘手的電子郵件要花多久時間？替屋內的每一張床換床單要花多久時間？找姻親談尷尬話題，要花多久時間？修改簡報格式要花多久時間？分析上個月的銷售數據要花多久時間？

我們需要預估每項任務要花費的時間，也就是時間箱的大小，才能夠順利做出時間箱，這些其實比你想像的還要簡單。

雖然預估看似不容易……

預估時間不能太長，也不能過短。低估時間箱的時間，會導致任務無法完成，或是草草了事，感覺受挫。高估時間箱的時間，會浪費時間、缺乏生產力。若是由多個時間箱組成的計畫，像是粉刷整間屋子、準備小提琴考試、創建網站等，時間估算錯誤可能會造成嚴重的後果。

除此之外，很多人有認知偏誤的傾向，造成我們容易低估需要的時間。一九七七年丹尼爾・康納曼（Daniel Kahneman）和阿莫斯・特沃斯基（Amos Tversky）提出規劃謬誤（planning fallacy）的觀點，說明人們「經常低估完成未來工作所需時間的部分原因是，過度看重樂觀狀態下的好表現」。要考慮任務包含哪些步驟並不難，但是我們很難想像過程中的意外阻礙，例如：手機鈴聲響起、伺服器當機、意外衍伸其他任務、突然有訪客、天氣突變……

我們得設法把球揮進剛剛好的「金髮女孩區」[14]。可是，該怎麼做？

但其實沒那麼困難

我們絕對可以預估任務大小，並且有一定的精準度，讓箱型時間順利運作。

大部分的活動都有相關經驗可供參考。我們可以拿過去的類似任務來比較，這樣就

14 童話故事《三隻小熊》裡，名叫 Goldilocks 的金髮女孩找到了一碗不冷也不熱、溫度「剛剛好」的粥；因此在英文裡，有用 Goldilocks 來表示「剛剛好」的說法。

會考量到可能出現的狀況，畢竟我們生活的真實世界，本來就充滿各種意外。我們都見識過冗長棘手的電子郵件、骯髒的床單、敏感的話題、缺乏邏輯的簡報、未經整理的銷售數據，也都曉得哪些事情要花多少時間處理。當然，任務不會完全一樣，但是只要類似，就足以幫助我們成功做判斷。

培養時間概念

我們可以利用明確的實證資料，來確認任務要花多久處理。平均而言，一個人一分鐘可以閱讀兩百五十個英文字，大約一分鐘可以處理好一封電子郵件，三小時可以寫出兩千個英文字，四分鐘可以將洗碗機裡洗好的餐具取出，只要十五分鐘就可以把一天的時間箱規劃好，三十分鐘可以煮出《傑米・奧利佛30分鐘上菜》裡的一道料理[15]。

我們可以藉由計算自己做事的時間，來提高預估時間的精準度。下列事項，你需要多久的時間完成？

- 一整趟慢跑或跑步
- 洗衣服
- 洗澡
- 遛狗
- 幫孩子準備出門
- 研究題材、撰寫或編輯部落格文章
- 為會議做準備
- 接洽五名潛在客戶
- 清空收件匣的五十封電子郵件
- 整理會議紀錄

把時間記在各項活動旁邊，看見這些活動花費的時間，足以給你一些時間概念。你

15 這位知名英國主廚也懂得運用箱型時間。

也許想把某些活動抽掉、加快某項任務的速度，或者把兩項適合一起做的任務合併，像是：泡咖啡＋清空洗碗機，或聽 Podcast ＋出門跑步。你也許會很驚訝某些原本很討厭的事情，竟然一下子就做完了，而那些事也不再那麼討厭。這樣同時列出任務和時間，有助妥善預估時間箱大小。

如果真的不確定任務需要花多久時間，那就試試取樣參考。假設你要審閱八十份應徵簡歷，但你之前沒有類似經驗，與其去設定一個可能是錯的時間值，倒不如先看幾份履歷、計算時間，再推估這個任務所需的時間。舉個例子，假設審閱五份簡歷，花了你十五分鐘，代表一份簡歷三分鐘，但你有經驗後，也許速度可以稍微加快，亦即整體而言，每一份簡歷花兩分半鐘，等於一小時可以看二十四份簡歷。這樣你就曉得，對你而言大約三小時多就能看完，你就可以設定三個半小時，中間穿插一、兩次休息。

這麼做可培養直覺，讓你知道，完成任務大概需要多久，你也更就有時間概念了。

小型、中型、大型時間箱

我建議時間箱的大小分成大、中、小三種就好，不要給自己太多選擇，可以避免猶豫不決的痛苦，例如要去決定現在這個任務究竟是要四分鐘還是七分鐘。順帶一提，這就是軟體開發階段，工程師和產品經理會用「費波那契數列」來預估任務大小的原因。在「費波那契數列」中，每個數字都是前兩個數字的和，寫成：0、1、1、2、3、5、8、13、21、34⋯⋯。此數列將大部分的數字省略掉，而工程師和產品經理在做決定時，只需要參考餘下的數列，省去過多不必要的選擇。

要判斷時間箱的大小，有幾個因素需要考量。如果你無法長時間專注在同一件事情上，建議選擇較小的時間箱，或是順應手邊工作的所需時間。在決定時間箱大小時，使用行事曆軟體的預設值，也是一種實際又符合邏輯的做法，例如：如果軟體的預設值是二十五分鐘，就不要調成二十分鐘，否則你就得在每加入一個時間箱時調整一次，那樣是自找麻煩。

我把時間箱劃分成小型的十五分鐘、中型的三十分鐘、大型的六十分鐘。少於十五

分鐘的任務就不刻意去做成時間箱，那樣反而太費力，只是徒增煩惱，適得其反。我會把這類的瑣碎任務組合成大時間箱，這點我們已在前一章說明過了。

可能超過一小時的任務，對我來說負擔很大，所以我習慣拆成小任務來做。我的時間箱預設值是三十分鐘。請注意，番茄工作法的預設時間是二十五分鐘。在我寫書的時候，Google 和微軟行事曆預約行程的預設值分別是二十五和三十分鐘。共識之所以會形成是有道理的，要相信眾人的智慧。

動手做就對了。你也許無法一下子就上手估出最適合的時間箱大小，請有犯錯和調整的心理準備。如果你發現自己高估或低估任務的大小，你可以調整範圍，例如：走捷徑加快速度或謹慎地放慢速度。調整範圍是箱型時間的重要特色，相關內容請參考第 16 章。記住，時間箱的目標是要把一件事做到可以接受的程度，至於是怎樣的程度就由你自己決定。大部分的任務都沒有必須花多少時間完成的客觀數據，因此就時間箱大小和箱型時間來說，靈活變通非常關鍵，它既是適當做法，也是必要做法。

本章回顧

- 執行時間箱必須預估任務的時間長短，但預估時間並不困難。
- 請盡可能留意你的實際經驗，來防範規劃失準，不要低估意外狀況的發生。
- 我們可以透過觀察做每件事需要的時間，來培養時間概念。
- 決定好小型、中型、大型時間箱的時間長度，然後維持。我推薦的時間箱長度是：十五分鐘、三十分鐘、六十分鐘。

想一想

- 請寫出幾項你經常從事的活動，估算分別要花多少時間。
- 現在，請實際計算活動時間是否超出你的預估？後續可以如何提升效率？
- 你打算花多少時間閱讀下一章？請計算實際時間，跟預估時間相差多久？

花費一樣的精力。

——愛蓮娜・羅斯福（Eleanor Roosevelt）
第32任美國第一夫人

13

為時間箱排序

約 4500 字

約 12 分鐘

#次序 #序列 #順序
#優先事項 #精力
#承受壓力 #面對現實

決定好任務，製作時間箱，也設定好時間箱的大小後，現在，你該把時間箱放進行事曆的哪個位置呢？

當然啦，我們所處的真實世界錯綜複雜、荊棘遍佈，沒有這麼容易可以清楚劃出每件事的界線。你可能需要選擇任務、描述任務、劃定大小、重新描述、為任務排序、重新排序、重新劃定大小……不斷地反覆做這些事。但無論如何，你最終都要面對該把時間箱放到行事曆「哪裡」的問題。一般來說，這個問題會出現在做好時間箱、劃定時間箱大小之後。

如果你已經在待辦清單中，針對任務的輕重緩急做出排序，那麼對於要從哪項任務先著手，你應該已經有個概念。待辦事項的順序經常需要調整的原因包括：前一天晚上老闆突然追你進度；氣象預報說會下雨，所以你得取消某項戶外活動；你突然想起有件排在清單後面的事得趕快處理交出。沒錯，待辦事項的順序只是大致的次序。

現在，愈來愈多人的工作有彈性，不受時間、地點限制，人們有更多餘裕，可以選擇要在什麼時間、做什麼事。**關於時間箱的次序，有四項考量因素，分別是：既定安排、依存性、心理特質、精力。**

既定安排

首先，你在行事曆上的既定安排，有許多可能是會議。剛開始，你依照現有的預定行程，去安排其他時間箱。幾個星期後，你可能想改變，嘗試把會議排到其他時間，替其他任務規劃時間箱。你不一定會成功，因為你可能會有固定的義工工作、時間無法彈性配合的客戶、身在不同時區的同事，或要跟時間不多的老闆一對一開會……即便如此，選擇在什麼時間做自己想做的事非常重要，它能夠幫助你找回主動性、感覺能夠掌控工作與人生。舉例來說，如果你想讓人知道，你不喜歡把會議安排在星期五下午，那最有效的做法，就是把行事曆上的那段時間抽掉。

依存性

大部分的任務都是互有關聯的，不會獨立存在。這些關聯便形成了任務間的依存性，例如：節日前預訂住宿飯店、會議前的準備工作、寫作前的資料蒐集、推銷前的演練、聘雇員工前諮詢團隊意見、生日前購買禮物。既然任務之間有其依存性和先後順序，時間箱的排序當然要能反映出來。依存性分成下面幾種：

重要決定

我們需要有正確的資訊，才能做出切合要點的重大決定。那些資訊應該包含數據資料、向正確對象諮詢得來的結果。如果可以，請在蒐集資訊之後好好睡一覺，恢復精神、確認想法後再做決定。舉例來說，假設你聘請一個員工擔任重要職位，現在已經篩選到，剩下兩名條件很好、平分秋色的人選。請彙整職缺介紹、評選紀錄、面試成績、作品集、線上個人檔案等，將這些資料傳給相關同事，給大家一兩個晚上消化，再統整眾人決議。由此可知，你需要先製作一個彙整和發送資料的時間箱，再安排一個討論會議的時間箱。

為會議提前做準備

工作上總是需要開會，姑且不論每場會議的重要性，會議準備都是項重要的工作。

一個懂得在電話會議前做準備的人，即使只準備了五分鐘，也跟完全沒有準備的人有明顯差別。做過準備的人會知道其他的與會人員，會知道上一次的開會時間，對前次會議的決議表示意見，並且清楚掌握預計達成的目標。大多數的人對於例行會議都不太會去做準備，覺得這些會議不重要，要知道之所以會成為例行會議，需要定期召開，就表示這些問題是長期存在的，需要被持續關注。

我們可以在這些例行會議前的幾小時或前一天，安排週期性時間箱，阻斷這種缺乏生產力的問題。而這種做法對於經常被遺忘的年度活動（生日、週年紀念日），特別有用。總是做足準備才來開會的人並不多見，但如果你能利用箱型時間，養出習慣，你將成為優秀的人才。你會是個表現出色，比別人更加可靠的同事、朋友和女兒等。箱型時間能夠幫助我們更有條理地籌劃未來。

即使是工作以外的人際應酬也別忘了做準備。安排好要去探望婆婆或岳母、說要跟長輩喝杯茶、答應八歲女兒今晚要陪她畫畫……這些「人際應酬」你都做好準備了嗎？在十五分鐘的時間箱計畫時段，寫出後續與親人互動時可以引起對方興趣的活動，可能會成為你今年做過最棒的事。這些是曇花一現的絕佳機會。回想一下，我們在第8章討論過的內容。

合作式依存

假設有人需要你的幫忙，而你也想要做好那件事，你可以問對方何時要完成，並在截止期限前安插時間箱，告訴對方你已經做好時間箱，以及你會在什麼時候做這件事。相信對方一定會感激你這樣做。反過來說，若是你需要別人幫忙，你可以說明何時需要完成，並詢問對方會在「什麼時候」幫你。

這麼做乍看是太直接，卻是合情合理的請求，它能促成時間箱需要的協作效應。你也許無法影響整間公司，但你可以影響全家人和團隊。

軟性依存

有時候，兩件事之間有關連，卻不是絕對的依存關係。舉例來說，你也許比較傾向採取下列做法：在替部屬打考核成績之前，先找對方一對一面談；上健身房之前，先找一雙新的跑步鞋；在和注重環保的老闆吃午餐之前，先讀過零售業永續發展相關報告。你可以將上述例子「視為」有一才有二的依存關係，據此安排時間箱次序。

資訊、事件、人物、任務之間存在著複雜的關聯性，所以生活才會有趣，所以箱型時間才會是一門藝術。當你能夠有意識地培養、準備和替任務排序，你就是最適合為自己構築意識經驗的建築師。

提醒事項

我實在想不出還有什麼方法，比在將時間箱排進行事曆時，更能幫助我們及時想起該做的瑣事。尤其是在一些不那麼重要、很基本的事情上，如果沒有寫進時間箱，應該很容易就會忘記。例如，有個好朋友週五要去面試，你想在當天早上祝他面試順利，你要怎麼確定自己會記得？你可以依賴自己的記憶力，看看有沒有成功的機率。你也可以把這件事寫進待辦事項，但是如果你到星期五前都沒有查看待辦清單呢？你還能在手機上設定鬧鐘提醒，但是這個做法，除了管理行事曆，你還要再額外去做設定。

建議你最好是在星期五早上的行事曆裡安排一個小型時間箱。這樣你就真的會去實踐這個想法，你將在朋友緊張不安時，捎給他一份溫暖與勇氣。時間箱能確保你在正確時機關注你要進行的任務。相較之下，待辦清單只能確保你會在「某個未知的時間點」關心任務。另外請注意，這類提醒事項指的是，你不會想到要特別去製作時間箱的事，譬如前面舉的例子是別人的工作面試，那件事不在你的行事曆裡，也不是你的世界。

自訂截止期限

截止期限是任務裡很重要的一個元素，沒有截止期限的任務就如同沒有結束時間的會議。截止期限必須明確地讓相關人士知道，才能適當製作時間箱。如果不知道任務的相對緊急程度，就無法安排時間箱的順序，因為我們無法分辨輕重緩急。

不過，也會有任務緊急程度不明確的時候，通常會出現在不需要通力合作的計畫，例如：閱讀、學習、陪小孩玩。這個時候你需要的是自己設定期限。你希望在日常生活中，這樣活動的出現次數？依照你希望的頻率，將活動安排進行事曆。只要我們採用箱型時間，這類重要卻不緊急常被忽略的任務，就會得到應有的關注。

〈圖 10〉 行事曆可看出時間箱之間的依存性

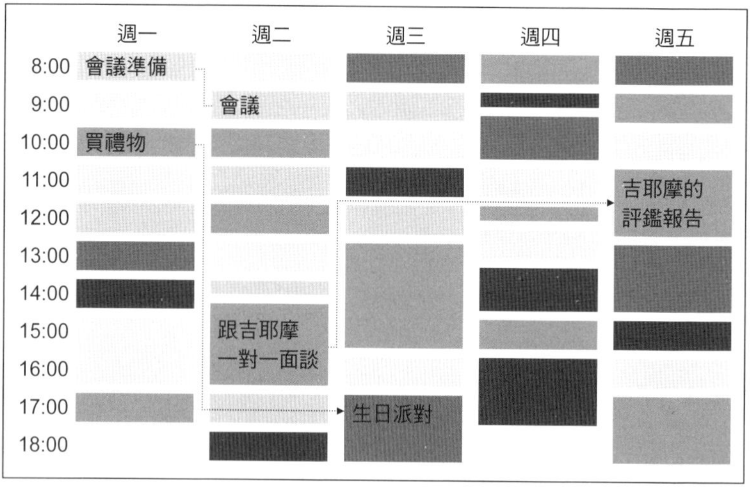

時間箱行事曆如實地呈現出這幾種依存性。你會先在行事曆上看見「寫在後面」的任務，再根據該項任務來決定是否需要安排「前置」任務，以及兩項任務間所要預留的時間，其實先排進行事曆的經常是比較晚發生的任務。

心理特質

許多有助於提高生產力的方法都告訴我們要先完成困難的事。用我們常說的話來表達就是：咬牙面對、先苦後甘、吞青蛙、恐怖時刻、面對現實（我最喜歡的就是面對現實了）。也有一些可快速奏效的做法，與前述心態完全相反，強調先完成某些小任務，取得成就感，賦予一天前進的動力。

我個人偏好從令人生畏的困難任務做起，我喜歡一天下來愈來愈輕鬆的感覺，這樣最不需要花時間操心。關於這一點，科學證據有所分歧，不過整體而言，科學界仍然比較支持這樣的做法。請想想這些一般的論點和研究結果，判斷先做困難的還是先做容易的，何者最適合你。

精力

精力也是你必須考量的因素。事實上，有好一些專家喜歡講精力管理，而不是講時間管理。

用很粗略的老方法來看，人的精力使用大致上區分成兩種，分別是早起的小鳥和夜行的貓頭鷹。每個人都有自己的晝夜節律，以及不同的荷爾蒙製造和新陳代謝率。你習慣早早起床嗎？一早起床就可以出門跑步嗎？你在沒有噪音、電話、通知干擾的黎明時分，感覺精力充沛嗎？如果是，那麼你就可以把大部分的事情安排在一天裡較早的時段，你可以利用早上時間做多一點事。如果不是，那就屬於相反情況了。只不過，早起的小鳥通常享有一些優勢，夜行的貓頭鷹陣亡率會稍高一點，而且人類社會向來提倡贏在起跑點。如果可以，請儘量選擇早起，其實有高達百分之八十的人是可以早起的。

精力也跟心情有關。你準備好捲起袖子、戴上耳機，奮力完成眼前的單調工作嗎？還是你想做些可以揮灑創意的事？你打算與人交流互動，還是想過低調的一天？這裡的關鍵是要弄清楚自己所處的精力狀態，適合做怎樣的工作——這也是史蒂夫．賈伯斯尤其注重的事。諸如運動、冥想、呼吸新鮮空氣、沖冷水澡、休息，都可以幫助你提振精神一陣子。亦即，你可以有策略地安排一些可以提振精力的時間箱，讓你在需要時保持充沛的精力。反過來看，不要把會造成你心理或情緒負荷的任務，安排在你可能覺得筋疲力竭的時段，例如：開完冗長的會議、公開演講過後、孩子不得不在家上課的日子。

我們可以監控自己的精力狀態，這麼做對我們極有幫助。請偶爾觀察自己的狀態。我現在感覺如何？我是精力充沛還是缺乏精力？是在上升，還是下降？想想是否需要做點改變，包括：喝咖啡、喝茶、喝水、冥想、練習呼吸、體能運動、休息、走走路。

恭喜，你完成了！

你已經完成規劃一天時間箱的初步訓練了。以下是我某天的時間箱行事曆，提供給大家參考：

有些人初次看到排得滿滿的時間箱會覺得壓力很大，簡直就是一場噩夢，但是這樣

〈圖 11〉 我的一日行程

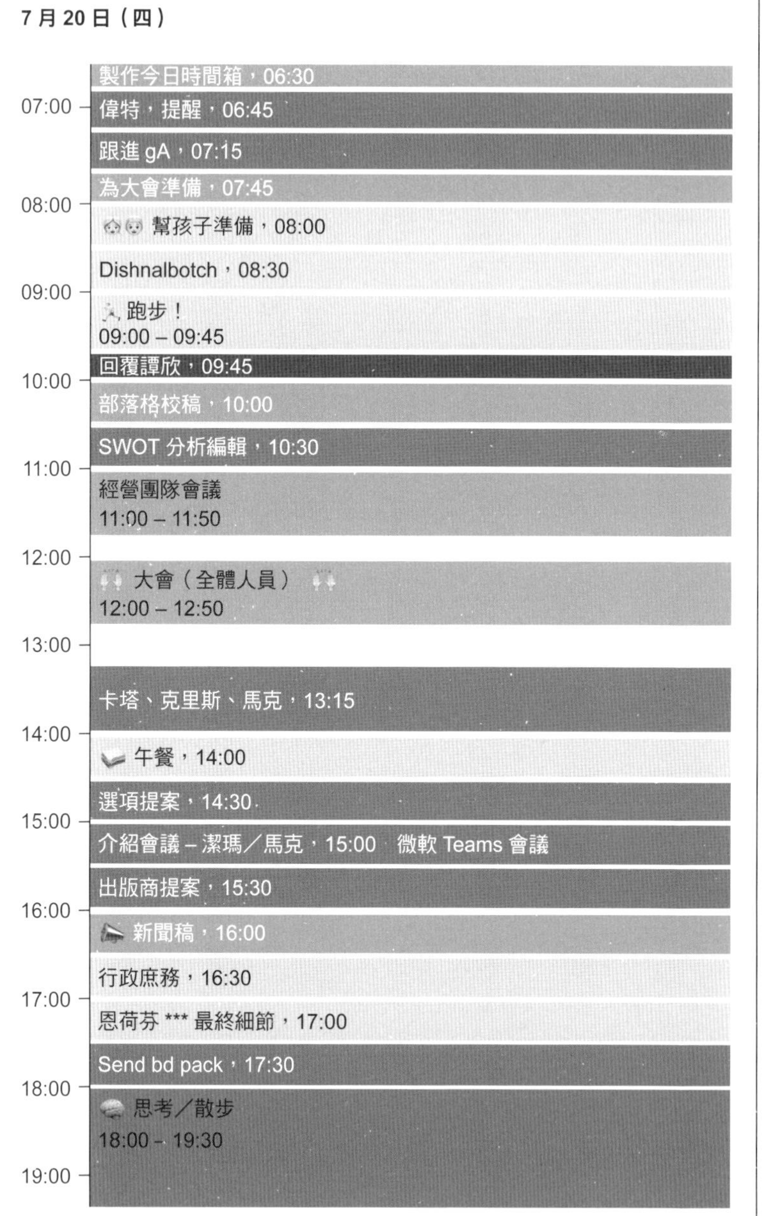

我自己的行程習慣使用簡稱，你也可以這樣做，只要能清楚明瞭就好。

緊湊的時間箱不是噩夢，而是讓你從噩夢解脫的唯一辦法。雖然上面的時間箱感覺一天要做好多事，但其實是**在某個時點上只需做好一件事**。一次做一件事將令你獲得平靜與力量。當然啦，大部分的日子裡，我的行程並沒有那麼滿。

在做出一天的時間箱，並安排好時間箱的大小和順序以後，請花點時間檢視這一天的規劃，欣賞一下你的作品。請注意，當一切如你規劃，你將會度過愉快的一天。

時間箱的順序很重要，安排時應該要注意邏輯，並考量你的個性、心理特質和精力。但也不要被順序綁死，時間箱並不是一點彈性都沒有。就我自己來說，當這天任務的輕重緩急有變化，我就會去調動一兩個時間箱，這都是可以接受的，只需要幾秒鐘調整，那也是過程的一部分。

本章回顧

- 選好任務和設定時間箱的大小之後，就要決定該把時間箱排到行事曆的哪個位置。
- 安排時間箱的順序，有四件事情需要考慮：①既定安排、②依存性、③心理特質、④精力。
- 你可以因應任務的輕重變化去調整時間箱，但只能是特例，不能成為常態。

想一想

- 你比較喜歡先做困難的事，還是把它排到後面，晚點再做？如果顛倒順序的話，結果會如何？
- 製作時間箱、設定時間箱大小、替時間箱排序——有哪部分你仍不清楚？

■請想一位你最愛的親戚。他喜歡跟你聊些什麼？你最喜歡跟他聊些什麼？寫出五個話題儲存在手機裡，並製作一個時間箱，提醒自己下次見到對方前先看一遍話題筆記（注意這兩件事的依存性！）

Part 3

行動

在此，要說明如何讓箱型時間發揮出最大的效益。
請你開始動手、快速行動、產出實際成果，
即使有一千個干擾因素阻礙你，
你也要發揮正念，專注於手邊任務。

這是關於你的故事。

——賀瑞斯（Horace）
奧古斯都時期的著名詩人

14

從這個章節開始

約 1800 字

約 6 分鐘

#邊做邊學 #應用
#沉浸式閱讀 #注意 #觀察

讓我們從這一刻開始認真培養箱型時間的習慣吧。可是要怎麼做呢？你不正在讀我這一本書嗎？就從這開始吧！

試著來為閱讀第14章製作一個時間箱。雖然這項任務不是來自你真實的待辦清單，不屬於標準的時間箱，但是依舊能給你寶貴經驗，再次肯定你的所學內容，讓後續的章節更能發揮意義。

我們在前面三章提到，你需要製作時間箱、規劃它的大小、安排順序。而針對本章的內容，我建議你安排十五分鐘，因為你中途也許會停頓幾次思考，才開始練習。

我們已經為「閱讀第14章」做了時間箱，也設定好大小與順序，計劃階段完成了。看一下現在的時間，開始「閱讀第14章」的時間箱吧、十五分鐘後結束！請跨越這一條重要的虛擬界線，踏入時間箱。

現在你已進入時間箱，開始實行箱型時間，準備完成拿起本書「閱讀第14章」的目標，而我也達成撰寫本書的目的。請放下手邊其他事物，務必要好好利用接下來的時間，專心閱讀本章。

你已是故事的一員

諸如《說不完的故事》（*The Never-Ending Story*）、《無盡的玩笑》（*Infinite Jest*）、《如果在冬夜，一個旅人》（*If on a Winter's Night a Traveler*）、自己選的某段文學作品，甚至其他充滿想像力的電影作品和小說，總會帶領讀者進入劇情愉快享受故事並沉醉其中，我都希望你能夠投入其中。

邊做邊學

本章的設計是要讓你沉浸式閱讀，因為邊做邊學會比單純的學習，得到更多。確切來說，一面認識理論，一面練習，就是最好的學習方法。

在成人教育世界有個「七十／二十／十」法則，主張百分之七十的學習來自工作相關經驗、百分之二十的學習來自與同事的互動、百分之十的學習來自正規訓練。這個數字並不精確，實際上也不那麼重要。重要的是，如人們普遍認為，有一大部分的大腦神經重塑，發生在這套理論的應用過程。

所以請實際地執行箱型時間，不要只是閱讀說明文字而已。你應該已感受到我鼓勵去實際體驗的心情吧。

從小型時間箱開始

讓我們從小型時間箱練習起。本章的內容不多，你已經讀完三分之一了。建議你，接下來也像這樣安排大小有把握處理的時間箱。

現在，就是你正在閱讀第14章的此時，我要請你思考，之後還可以安排哪些大小適中的時間箱。以下提供一些點子：

- 你有沒有可以組合成十五分鐘時間箱的瑣事？動手處理一下吧。將那些事情移到待辦清單最上面，甚至將它們做成你會真的去執行的時間箱。

- 你下個星期有沒有重要的會議要開？請挑選一場會議，製作一個開會前的十五或三十分鐘時間箱，為會議做準備。或是送一份可以為自己帶來好處的禮物：找出固定召開的重要會議，並在會議召開的前幾天，排入週期性的預定時間箱。
- 試試安排一整個下午的時間箱？假設現在是星期二早上，星期四下午看起來很空閒，你現在就可以把一些任務排進當天下午。你也可以把「在當週星期二安排星期四下午的時間箱」設成例行任務。如果是這樣，請將這件事設定成每週二週期性出現的預約行程。
- 你也可以挑戰安排一整個星期的時間箱，不妨利用後續的十個章節做分配練習。你能把這樣的挑戰延伸到一整個月嗎？

不管你選擇以何種方式開始執行時間箱，都請你現在暫時放下書，重新檢視你的待辦清單，花個幾分鐘，將這些小型時間箱排進行事曆，再繼續閱讀本章。

你注意到了嗎？

本章需要你做出時間箱，你應該已經把自己當成主角、接受邊做邊學的概念、放下書、把時間箱加進行事曆再重新拿起書（然後你會發現目前還剩五分鐘）。如果是這樣的情況，那麼恭喜你了，你是個適合箱型時間的天選之人。

如果不是，你也很幸運——因為你得到非常棒的分析素材。你是被何事帶離正軌了呢？請分析整個過程。例如，你分心了嗎？因為什麼而分心了？是外部的干擾，還是心裡的想法呢？你確定是那件事情干擾你嗎？還是在更早的時間點就已經不專心了？你有辦法避開嗎？以後要怎麼避免呢？

我們將在第18章探討這些問題。

現在，你已經來到時間箱的尾聲。請深呼吸，慢慢把意識帶回到周遭環境和今天要盡的責任。請牢記這個練習的結果，並將這種平靜、清晰、有生產力的感覺帶進這一天。在你有需要的時候，你可以隨時回歸這樣平靜、有生產力的狀態。請感謝自己決定有意識地運用這段時間。

你做得很好。你將隨著一步步閱讀如何進行、如何銘記、如何內化箱型時間的相關內容，愈練愈上手。接下來的內容，會與你在剛才十五分鐘內獲得的經驗，相輔相成。

本章回顧

- 本章是個實戰練習，讓你一面閱讀，一面實際動手操作箱型時間。
- 一面認識理論一面練習，對於學習箱型時間會更事半功倍。
- 從小事開始最容易上手。

想一想

- 你把閱讀本章做成時間箱了嗎？如果沒有，理由是什麼？你打算把哪個（小型）任務做成時間箱？
- 如果你在閱讀本章時大分心（九成九讀者會這樣），請根據你的狀況，回答〈你注意到了嗎？〉的問題。
- 本書主張用的「邊做邊學」適合你嗎？如果你做不到，會是什麼原因？你能做哪些調整，幫助你在後續的箱型時間執行時受益更多？

“完整的事物擁有開始、中間和結尾。”

——亞里斯多德（Aristotle）
古希臘哲學家

15

開始、中間、結尾

約 1700 字

約 6 分鐘

#中間過長 #激勵
#準時 #認真 #克服拖延
#小舉動 #心流狀態

現在你已經走完一個時間箱了。但是怎麼做會更好呢？直白點說，什麼是良好的箱型時間管理？

你為時間箱安排的起始時間，絕對不是箱型時間開始的那一刻。因為在那之前你已經在規劃時間箱了，就算任務還寫在待辦清單上、只是剛冒出頭的想法，你可能已經構思過如何推進任務。重點在於，你不能（也不會）以興趣缺缺的樣子，去執行你的時間箱。箱型時間讓你在執行前就快速思考過一遍，幫助你沉著執行規劃好的任務。

請把你在第14章當主角的經驗帶入本章。記住你在過程開始、中間、結尾的感受，你將塑造出屬於自己的箱型時間。

開始

第9章所提的營造適當環境也適用於本章。其實，執行較長的「行動」時間箱，比執行較短的「計劃」時間箱，更容易偏離正軌。

請你準時開始，糟糕的起頭可能會衍伸成各種糟糕的結果。你的任務執行時間會縮短，你也許無法在截止期限完成，甚至受了挫就完全放棄。確實，每一次的開始不一定會如期，有時候可能會延遲，但是這裡的「有時候」應該是每十次發生一次，不能是每兩回就來一次。

留意開始（及結束）的時間很重要。想要做到這點，請選用整數的時間單位，如：十五分、三十分、整點等，不要挑選「七點三分」、「十二點十九分」、「十六點四十三分」。這種非整數的時間點，還得去計算，麻煩不小，記得，簡單就好。

很多人會在任務一開始就拖延，這問題已有許多文章討論過，我就直接提供一個對這類人非常實際的建議。當你又想怠惰時，請找個展開該項任務必須的微小行動，例如開啟檔案、讀某封電子郵件或查詢某個陌生字詞，甚至是「拿起你的筆」這樣小到會令人噴笑的動作也行！就我來說，第一件小任務經常是打開我的檔案（整年度的Google文件），並以條列方式寫下，即將集結成任務的事項。這個小小的實際行動會刺激對的運動神經元，啟動後續動作，完成任務的一連串心理歷程。

以下是能夠幫助你快速啟動、克服拖延的小妙招：

任務	快速啟動小妙招
洗車	• 去拿洗車水桶 • 把纏繞成圈的水管順好 • 找出汽車清潔劑 • 拿鑰匙準備移車（當然，最好移到陰涼處）
校對部落格文章	• 打開要求你校稿的訊息 • 快速瀏覽文章內容 • 搜尋部落格 • 傳訊息給作者或行銷同仁，告知對方你在何時安排了校稿時間箱以及何時交稿
檢查發票	• 點開微軟的 Excel 程式 • 找出你最容易找到的一張發票
安排假日行程	• 列出有可能前往的地點，分享給朋友或家人，請他們表示意見 • 在 Google 上面搜尋「重要節日」
回覆棘手的電子郵件	• 想想對方寄信的原因 • 就算不舒服，但還是請打開信件再讀一次 • 寫下你在回信中要說的三件事

不要質疑時間箱的合理性。你已經在計劃階段跟自己天人交戰過了。而且別忘了，許多內心的質疑聲音，都是潛意識想阻止你去做這件重要、困難，卻必須完成的任務。這種質疑永遠不會停止：就算你改做其他任務，一樣會發生。

倒不如建立一套系統，幫助你持續將焦點放在最需要完成的任務上。用費城七六人的話，就是「相信過程」。

中間過程

要小心中間過程拖太長。假如任務單調乏味、規模太大或使你筋疲力竭，你就不太可能在規劃的時間內完成任務。所以，建議時間箱的時間範圍不要太長，盡量讓任務的中段維持簡短。雖然我將時間箱的時間分成十五、三十、六十分鐘，但只有在我知道自己得一鼓作氣完成工作的極少數情況，我才會採用大型時間箱。

理想狀態下，當你進展到任務中段時，你會進入契克森米哈伊說的「心流」。根據定義，**心流是一種主觀的心理狀態，難以三言兩語說明白，通常涉及高度集中與控制、**

忘我、內在喜悅和時間感失真。但請注意，時間感失真不等於失去時間概念——失去時間概念會妨礙箱型時間的執行。

我們可以做到進入心流狀態，同時留意時間，並且知道必須每隔一陣子就要查看時間。在心流狀態，你對時間的感受可能會不一樣，但你依然能夠掌控它。

結尾

結尾也要準時。無法準時的結束和無法準時的開始一樣糟糕，都會導致各種不好的結果。請替任務好好收尾。

每當你成功完成任務，記得為自己簡單慶祝一下，你可以：勾掉做好的任務、為時間箱重新上色、放個勾勾的表情符號，或是誇讚自己又堅持完成一項任務。還有一種更實際、更注重人際往來的慶祝方式——與受益於此的人士分享成果，並交棒下去，延續合作動能。

稍微練習一下，你就能在開始、結尾以及中間的階段，妥善執行時間箱。

本章回顧

- 時間箱的起點並非時間箱本身，在更早的計劃階段就開始了。
- 好的開始：準時進行，並且要有適當的環境。
- 當你覺得自己在拖延任務時，找個可以幫助行動的小事開始。
- 不要質疑時間箱的合理性，做就對了。
- 藉由為時間箱設定更頻繁的目標，來縮短中間的過程。
- 為了進入心流狀態，事情不能太簡單，也不能太困難。
- 準時結束，慶祝成功完成任務。

想一想

- 你能夠順利展開任務嗎？是什麼在阻礙你？你能否去除障礙，或減少障礙對你的影響？

■ 想想你會在什麼情境、以什麼方式，進入心流狀態。哪些條件可幫助你進入心流狀態？如何讓這些條件更頻繁地出現在工作和生活上？

■ 有沒有什麼慶祝任務完成的小儀式適合你？

時間至關重要。

——英格蘭與威爾斯契約法

16

速度的調配與加速

約 2700 字

約 9 分鐘

#專案管理三角形 #成本
#時間 #範圍與品質
#創新 #查核點

假設，你已經專心投入箱型時間，不論計劃或行動，我們都希望能成功。這時候會遇到的問題可能是，沒有趕上箱型時間的進度，導致剩下的時間無法完成任務。其原因可能出在發生意外狀況、任務比預期的困難，或是單純地時間被浪費掉。本章要講的就是及早安排應變計畫。許多人會用「趕不上進度」來反對箱型時間，但是只要能夠盡早注意、做應變，我們就不會面臨到這樣的問題。

請先回想第12章討論的內容。精準預估時間箱大小，在箱型時間的初期相當重要，但它並不難——只要動手做、修正、累積經驗，很快就能兼顧挑戰性與可行性，預估出百分之八十的時間箱如何安排。

現在，我就要教你剩餘百分之二十的進度落後時該怎麼辦。

中途檢核點

如果你清楚時間箱的始末時間，就能對任務的進度有更直覺地掌握。

但即使如此也不一定足夠，所以，請設定一個中途檢核點。既然有清楚的時間範圍，中間點就會很明確；如果你的開始和結束時間都是取整點，那就更好了。有時候，我們可以很輕鬆地抓出任務的中間點，像是撰寫字數、資料行數、燙好的衣服件數、包好的餃子數量等。但還是有很多任務的進度無法以線性方式抓出中間點，像是：構思品牌標語、規劃與同學的出遊行程、個人的生涯規劃。關於這些任務，你需要的是，**知道什麼樣的狀態和感覺，代表事情正在順利進行**。你也有可能需要用更細緻、數據化的方式，重新描述、量化任務。前面提到的例子，可以這樣重新描述：構思六句品牌標語、搜尋十則度假資訊、規劃五個想要進修的科目。

品質、成本、時間與範圍

如果你在中途檢查時，發現自己進度落後，該怎麼做？

我們可以運用專案管理的概念來解決——專案（亦即任務）必須在品質、成本、時間、範圍間取平衡，如下頁「專案管理三角形」所示：

你必須要有所取捨，一個優秀的專案管理，關鍵就在考量所有參數做出適當取捨。

前述的模型很簡單，有時候專案管理界也批評它過度簡化，現實世界絕非如此。不過，我們個人的時間箱比較簡單明瞭，這樣不複雜的架構反而幫助我們分析並順利完成。

專案管理三角形讓我們在時間不足時，思考各種選項的架構。以下就以洗完衣服，所面臨的五個選項為例，來說明這套思考架構，讓大家更理解。

①降低品質

亦即：加快速度。做快一點不等於慌裡慌張，加快速度也可以是謹慎地處理。大部分時候我們都能選擇「從容退化[16]（graceful degradation）」，在品質與速度間取得平衡。快速晾好衣服，衣服可能會比較皺，但

〈圖 12〉 專案管理三角形

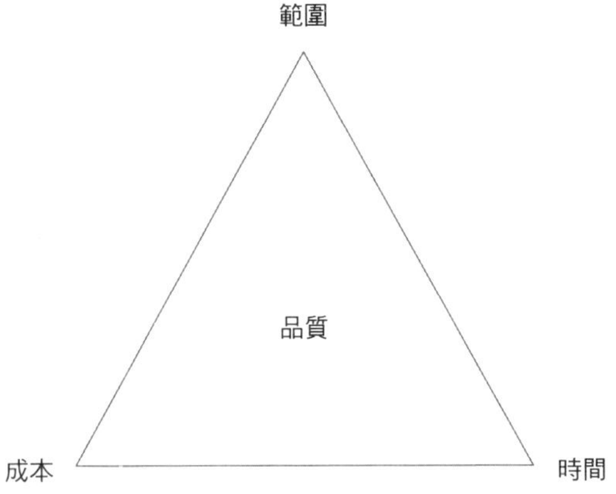

你仍可選擇趕快晾好，讓衣服有足夠的時間曬乾。

②縮小範圍

亦即：少做一些。有些任務會包含一些無關緊要的元素，這時你可以直接去掉可有可無的部分，以便計畫準時完成。你可以拿出家人急著要穿的衣服，在我們家，最常急著要穿的就是巴西柔術道服。

③增加時間

亦即：延展期限。你需要更多時間，所以，假如後面的時間箱沒有重要任務，你可以多給自己一點時間。你需要做的，就是花幾秒鐘，將數位行事曆的欄位垂直拉長，多花十分鐘，將衣服晾好。

---

16 意指工作可靠但是性能卻下降。

④**提高成本**

亦即：尋求幫助。箱型時間的目的在於提高個人生產力，執行者唯一要付出，且最重要的成本，就是自己的時間。所以只有極少數情況，可以透過投入資金解決問題（例如找幫手），來追上進度。以此例來說，你可以用這方法來完成任務，也就是：找家人幫忙。

⑤**新穎的特殊選項**

亦即：創新。拒絕犧牲品質、範圍、時間或成本，尋找其他足以改變局勢的做法，像是：背越式跳高選手改成從頭部先過欄杆、使用便利貼幫助記憶、條碼帶來物流革新、iPhone 手機改變一切。創新也有可能是不那麼引人注意的改變，像是尋找新的軟體、應用程式或是採用新的 Excel 公式，幫助你在有限時間大幅提升完成能力。這是兩全其美的方案，值得多多考慮，不過你要曉得那是例外，不能視為常規做法。就此例來說，可以購入滾筒式乾衣機。

詹姆斯．克利爾（James Clear）在《原子習慣》（*Atomic Habits*）主張要縮小範圍。他甚至說過一句格言：「要改變範圍，不是改變行程。」如果時間少於預期，他會把三英里的跑步計畫，改為一英里。還有其他例子，像是：改煮不那麼費工的料理；原本要打掃整間屋子的地板，改成只打掃一間房間；從讀五篇論文改成讀一篇重要的科學論文。

一般而言，這是既實用又能釐清狀況的啟發式應對方法。但是在某些情況中，降低品質（加速）或增加時間（改變行程）比較合理。讓我們為克利爾的例子加點想像情節：今天是週末，你準備為馬拉松賽跑做訓練，今天沒有其他的特別行程，在這時候，多給自己點訓練時間——也就是增加時間、更改行程——會比縮減跑步距離來得合理。

事情的時空背景很重要，我們必須考量時空背景，才能針對時間不夠的問題，找出適當的解決方案。在錯綜複雜的現實世界裡，最好的解決方案或許需要結合上述的幾個方法。我為本書做的編輯工作，就是一個例子。

你也許已經猜到，我安排了一個大型時間箱來審閱這五章的編修稿，同時也安排了幾個較小的時間箱來編修各章——有些十五分鐘、有些三十分鐘。我在某個時間點感覺進度落後時，當下有幾個可能的做法，分別是：①把某幾章挪到明天來減少範圍，或是②不要修改得那麼認真，達到降低品質的目的，最後我選擇了③拉大時間箱。我覺得在這種情況下，最適當的做法是放寬時間，而非更動另外三項要素。

從例行任務變成挑戰

近來，「提高任務完成速度」的主張已經退流行，甚至會引人皺眉。大家都累得不得了，應該要幫他們減輕負擔，不是增加壓力。我也認為必須認真看待心理健康，更知道身心疲憊是破壞心理健康的一大原因。箱型時間其中一個優點是能為我們分憂解勞。只是我也相信，加快速度可以很有趣，尤其是把計時當成自我挑戰。

時間限制和對速度的隱性需求可以是項激勵因素。當我們設下實際的時間限制（例如十五分鐘），撰寫一百個字的例行工作，就會更像一種挑戰。時間一倒數，腎上腺素被送進血液，成功或失敗，一切清清楚楚。你也許會發現，時間限制有助達到契克森米哈伊所說，帶我們進入心流狀態的某些條件——尤其是讓任務難度適中、使挑戰更符合能力。好比以下兩者的差異：在無字數限制的欄位填入自我介紹，或只能使用七個詞彙來介紹自己。人們會比較願意去完成第二種任務。如果是需要重複進行的任務，你可以記下個人最佳紀錄並超越，像是：一小時最多能寫幾字、三十分鐘最多處理幾封電子郵件、輸入資料十五分鐘最少幾個錯誤等。

如果你既能加快速度，同時樂在其中，自然會有個令人開心的結果，就是生產力跟著提高了。

■ ■ ■ ■

一般而言，如果時間箱設置妥當，你不需要特別做什麼，也能準時將任務做到可接受的程度。但要是進度落後，你應該透過自己設定的中途檢核點發現這點。因為你得要知道問題，才能解決問題。請不要慌張，因為你有幾個選項可以幫助你回歸正軌。但不論哪種選項最適合，別忘了將成果分享出去，可以產生好處——請你要產出、分享和交出一點東西來。

本章回顧

- 我們必須按照規劃的時間做事，箱型時間才有用。
- 有時候得要加快速度。
- 想要成功，有一部分得仰賴開始時，精準預估時間箱的大小。
- 中途檢核點可幫助我們在截止期限前完成。
- 進度落後時，可以這樣做：①降低品質、②縮小範圍、③增加時間、④提高成本或⑤徹底創新。在大多數情況下，降低品質、縮小範圍和增加時間是最常見且實際的解決辦法。
- 為任務設定更明確的時間限制，能把例行工作變成挑戰，自我激勵。

想一想

- 回想過往時間不夠完成任務的經驗。哪種解決辦法比較有效，是縮小範圍、降低品質還是增加時間？理由為何？
- 你知道自己讀一頁文字要花多久時間嗎？用下一章計算一下。
- 請為今天的各種活動設定時間限制，讓自己習慣並且做上手。什麼時候設時間限制很有趣，什麼時候不有趣？

”

真正的藝術家總能做出產品。

——史蒂夫·賈伯斯

“

17

先交出一點東西

約 2300 字

約 6 分鐘

#產出 #分享 #交付
#公諸於世 #發行 #滿意
#夠好 #可以分享

現在你應該取得成果了，那些成果夠好嗎？它與這個世界產生怎樣的火花，帶來什麼樣的影響？本章的重點就要討論這兩個問題。

簡單說明一下：本章的「交出」是指送出可以使用的物品。賈伯斯在一九八三年講的「交出」電腦硬體設備是指第一代麥金塔電腦，而「交出」可以用於各式各樣的產物。最近這兩個字成為軟體開發的熱門詞彙，意指將產品交付給終端使用者。而我用「交出」來強調，將結果公諸於世，可使任務更有價值。

夠好＝可以分享

我們在前一章節講過，為了完成任務，你可以運用一些方法調整產出速度。其中，縮減範圍、降低品質、增加時間是最常見也最重要的方法。關於增加時間，應該不需要多餘的補充。假如你有這個需要、假如你能夠這麼做、假如你沒有其他選項了，儘管去增加時間。但是成品的範圍和品質可以犧牲到什麼程度，又不至於差到不合格？

追求完美既沒有必要，也不可能。沒有哪個任務需要做到完美，而且就多數情況而言，受眾甚至不會注意它是不是完美的成品，像是：完整的檔案系統、零瑕疵的廚房流理檯、沒有絲毫錯誤的文法。再說，人類不太可能把事情做到完美。所以，就算你是完美主義者，也請跟我一起制訂更有可能落實的計畫，**將目標設定在夠好就好**。不過，「夠好」究竟是什麼？

「是否準備好與他人分享」是個實用的比較基準。羞恥心和自豪感是古老又充滿力量的激勵情緒，能夠管理身為社交動物的我們的行為。責任感則是比較現代的概念，但它的效果也是一樣。沒有人喜歡出糗，當我們感覺這個成果可以與他人分享時，就代表它已經達到夠好的程度。

這時的成果也是要有用的，意思是雖然稱不上完美，但在某種意義上，已經功能齊備——亦即**任務可以發揮功效，或任務的受惠者能充分理解其重點**。若要更嚴謹一點，我們可以援用產品管理的概念（注意，不是專案管理）。在產品管理領域，有個概念叫「最小可行性產品（Minimum Viable Product）」，僅包含最低限度的功能但是堪用，而且對某人（測試版用戶，或早期採用者）來說派得上用場。因為還不成熟，所以相對來說比較容易組合，方便開發團隊觀察應用情形及改良，以利推出下一個版本。最小可行性產品就是可以分享的狀態。

「可以分享」的標準也可應用至各類任務。以企劃案來說，寫出架構便已達到可分享程度，而若只是寫出企劃前面的幾個段落，就未達可分享程度。以電子郵件來說，當這封郵件「明確傳達」放行候選團隊的提案，即便郵件中只寫了一個字，也達到可分享程度；而若郵件未述明原由，即便郵件內容寫得洋洋灑灑，依然未達可分享程度。

另外，假如同事簡報做得很差，若你整理過後，以條列方式摘述重點，這樣內容已達可分享程度；而若你只是修改了其中幾頁，那麼基於諸多原因，仍舊未達可分享程度。將要分給家人的衣物大致分區掛成一排，屬於可分享程度（之後可能會有其他人來摺好和分出）；隨意亂掛，則未達可分享程度。

關於這點，有個可愛的例子，那是某藝術家畫蜘蛛人的縮時影片。影片最初，畫家用十分鐘畫出近乎完美的人物比例、陰影和背景，接下來六十秒，他畫了蜘蛛人的脖子和身體，只是比較粗略，最後十秒，他只能草草畫出奇形怪狀的頭和眼睛，不過，還是足以辨識這位漫威英雄。「畫蜘蛛人」任務至此完成，達到了可分享的程度（如果你有九歲的姪女，她認得出來你畫的是誰那就對了）。雖然畫家在影片中三個階段畫出的成品完整度不同，但三個階段的成品都是足以辨識的人像畫。

假如他從頭到尾一筆不差地畫出蜘蛛人的左邊眼睛或下巴，這樣的成品無法通過

「可分享程度」的考驗。剛剛假想中的姪女，應該不會覺得那樣夠好吧。

兩百五十多年前，伏爾泰就告訴我們：「完美是優秀的敵人。」意思是，追求完美可能反而使人做不好，甚至阻礙表現，這句話至今仍有其道理。相反地，「可分享程度」是能讓你優秀表現。

外界的回饋

如果有人能體會到你努力得出的成果，你的付出將會更顯價值。可以分享的程度就是個方便好用的經驗法則，供你判斷是否做得「夠好」。對外界交出工作成果，還能帶來許多額外的好處，包括：

- **聽見不同的觀點**：分享給其他人，可以讓你從他處聽到不一樣的意見和經驗。對多數任務來說，這類的多元觀點和聲音非常有價值，對某些任務來說，這些意見更是至關重要。

- **修改的機會**：分享可以換來意見的回饋，讓你把成果修改得更好。
- **獲得他人的支持**：如果你抱持正確心態，在對的時間分享出去，你就可以說服他人加入你的陣營。相反地，先斬後奏可能會惹惱對方、引發爭吵和造成不必要的阻力。
- **獲得他人的稱讚**：讓別人看見你的成果，對方可能會致上感謝或給予稱讚，你的名聲地位也可能獲得提升。如果完全沒人看見，你就無法獲得這樣的讚美。
- **集體生產力**：現在，你已完成自己這一部分的任務，請交棒出去，在你需要轉移注意力之後，工作仍能進行。我們都是大機器裡的小齒輪。當我們將整體成果看作集體的努力，我們的參與也會顯得有價值。這項原則不僅適用在分享打破框架的想法上，也適用在將洗好的衣服晾乾，讓全家人有衣服可穿這種小事上。

當然，有很多時候，我們一定得分享工作成果，例如老闆要求、同事期望、朋友仰賴你的分享。但如果你能記住前面提及的各種好處，你就會更有動力去分享成果。

產出工作成果，呈現努力得出的果實，交出一點東西，這樣就很夠了。完成任務會有內在獎勵，交出成果還能產生外在獎勵。如果你能這樣看待每件任務並且適當地執行，你將有可能每天收穫高達十五份的獎勵，也就是：按時完成的時間箱。

交出成果也有助提高生產力。如第6章所說，箱型時間的重點在集體與個人生產力。未分享成果的工作就像被關在金色鳥籠的小鳥。所以，請產出夠好的成果，並且交付出去。

本章回顧

- 完美既不必要也不可能，夠好就足夠了。
- 當你做到可以分享的程度，就是達到「夠好」的標準。
- 運用「最小可行性產品」的概念，來定義何謂「可以分享」的程度。
- 分享或交出成品的好處多多，包括：
  - 聽見不同的觀點
  - 獲得修改的機會
  - 獲得他人的支持
  - 獲得他人的稱讚
  - 讓計畫在你轉移注意力後繼續進行

想一想

- 請想一件你深感驕傲，並在分享出去後獲得好結果的事。將這案例當成你日後做到「交出東西」的黃金準則。
- 你覺得自己已充分了解了什麼是「夠好」或「可以分享」？如果不太了解，要如何在工作和生活中增進對這兩項標準的認識？

天啊、天啊！我要遲到了！

——《愛麗絲夢遊仙境》白兔

18

兔子洞和其他干擾

約 5900 字

約 18 分鐘

#分心 #先決條件 #環境
#刺激 #反應 #兔子洞
#一心二用 #一心專用
#偏離正軌 #專注 #拖延

這是我最期待撰寫的一章。箱型時間的旅程，你已經走了一大半。現在你已明瞭箱型時間的好處，希望你也下定決心實踐這套方法與心態，甚至挑選出任務，明智地完成規劃，決心進一步增強自我。相信你已經透過實際執行的經驗，得到什麼是好的做法，以及好的做法會產生什麼感受。

但是即使如此，前方仍然存在阻礙，你的每一個時間箱都可能埋伏上千種干擾因素。手機震動、鬧鐘聲響、訊息通知、超連結都會吸引你，這些干擾因素也可能是來自於你自己，像是腦中出現其他念頭、身上有煩人的搔癢感。這是每個人都會遇到的常見干擾，每個人都有自己的分心因素。

世界上沒有能完全擋下干擾因素的盾牌，但是我們可以採取保護措施，在此之前，先來了解這些干擾因素與它們的起因。我的角色是盡可能生動描述這些狀況，讓你產生共鳴；你的角色是透過例子思考，是否遇過這些或其他生活干擾因素。這樣一來，你將有足夠的能力，為自己的方案微調。

這裡要給你一套思考干擾因素的基礎架構，包括：**會助長拖延的先決條件**、**轉移我們注意力的刺激**以及**我們對這些刺激的反應**。當我們了解這三項因素的運作與關聯，就能創造有利的先決條件、減少刺激，並且改善刺激反應。

最有利的先決條件：別讓拖延冒出頭

有時候，我們都還沒開始動手做事，就已經遇到問題了。這個問題叫做「拖延」——明知該做，卻不去做。拖延是普遍現象，大約百分之二十的成年人，有長期的拖延毛病，學生族群的拖延比例更高。箱型時間可從多方面，有效打擊拖延症，做法包括：從小事做起、組織、提升責任感，以及如《解開拖延之謎》（*Solving the Procrastination Puzzle*）作者提摩西．皮裘（Timothy Pychyl）博士所說：「因為做想做的事情，真的帶起做事的心情。」不過，有時這種奇怪的拖延念頭怎樣都趕不跑。

造成拖延症的根本原因和影響因素很多，有些會互相重疊或互有關聯，而且人們仍無法完全了解。下方列出一些常見的原因，希望能引起你的共鳴，也請留意那個最讓你共鳴的原因。列在愈前面，表示愈難解決，愈後面的，愈容易解決：

①焦慮、壓力和其他心理健康問題
②缺乏正確心態或足夠的動機
③害怕失敗或完美主義
④不想處理困難任務
⑤無聊
⑥倦怠、疲勞、疲憊不堪
⑦缺乏條理、不明確，或沒有截止期限
⑧被過多任務，或某件過大的任務，壓得喘不過氣，不知從何著手

相關原因族繁不及備載，本書目的不在解決前面幾項複雜問題。箱型時間是可以幫助多數人在某程度上處理前列各項問題，但是箱型時間不是化解長期或深層心理問題的萬靈丹。如果你是受這類因素影響，也許你需要相關專家的協助，認真處理你的問題。

這裡面有些是相當棘手的問題，所以請務必解決當中容易處理的部分。從心態和環境著手，將這些問題的影響降至最低。第9章提到：每天如何花十五分鐘規劃時間箱，以培養正確心態、打造適當環境；那些建議同樣適用於，每天花幾小時來執行時間箱。

不要在疲憊的時候挑戰困難任務。箱型時間提供了明確的方法和截止期限。此外，與人共享時間箱，等於告訴大家你已排定行程、無法再行安插任務，其實已化解掉可能形成的強大壓力，及消滅了清單上的最後兩項問題。

我個人最容易受④「不想處理困難任務」和⑤「無聊」影響。當任務在某些方面開始有難度，像是做需要消耗大量體能的運動項目、遇到有敵意的工作狀況或要花腦力解決時，我就會想逃避。但如果任務太簡單，完全勾不起我興趣或沒有挑戰性，我也不會想做。請注意，就是這些麻煩狀況阻礙我們完成挑戰，無法進入契克森米哈伊談的心流狀態（參見第5章）。

留意並盡可能減少刺激

當你開始時間箱行程，卻被突發事件給打斷……這會是什麼樣的情況呢？我覺得，可以將導致分心的因素，依照心理、數位、實體來分類，看成不同的顯示「管道」，幫助我們思考事物的本質以及來源。接著，再依緊急程度，採取適當的因應措施。這樣的思維邏輯，可彙整成下表：

	不緊急	**緊急**
數位	• 通知 • 電子郵件 • 簡訊 • 休息後坐回電腦前，開始滑螢幕	• 收到要你立刻動作的電子郵件
實體	• 小鳥從眼前飛過去 • 有討厭的蚊子飛來飛去 • 你家的小狗叫了起來 • 聽見電視的聲音，發現小孩在不該看電視的時間偷看電視	• 有人敲你家大門 • 家裡的小嬰兒哭了 • 火災警鈴突然響起 • 有人大喊你的名字 • 你想上廁所
心理	• 你漫無目的地亂想公雞是不是真的咕咕叫 • 突然想到昨晚的夢境 • 你在想是不是有電子郵件（或訊息）進來 • 你口渴了 • 你開始覺得無聊 • 你想起下週要完成的重要工作	• 靈光一閃，腦中浮現重要構想 • 想起把鑰匙丟在剛才去過的商店 • 想起了今天預約看牙，但沒有寫在行事曆上

請注意，非緊急事件也有可能很重要。**是否需要立即採取行動的關鍵，在於是不是緊急事件，而非是不是重要事件**。

這些刺激只是開始，它會引起力量強大的作用機制。我們無法一開始就知道兔子洞有多深。你有可能一兩分鐘就馬上碰壁，也有可能遇到另一個轉折，將你帶入另一個兔子洞，然後幾小時的時間就這樣消耗掉了。

這張表格的作用在於，幫助你在當下注意干擾事物。當你有意尋找並預期會在數位、實體和心理三方面出現干擾因素時，你就會更容易注意到它們。這些干擾因素隨處可見。這裡提出的都是能引起共鳴的實例，如果你能想出符合這六格的其他情況，本章對你的幫助就很足夠。最重要的是，這張表格可以幫助你針對不同刺激預做準備，想出更好的回應方式。當我們知道必須留意刺激，再加上一點練習，我們就能慢慢磨練這項能力。

有些刺激在我們的生命經常出現，甚至會一天出現好幾次——很多人每天會拿起電話超過一百次。這些當然是極具破壞性的刺激，它們會對我們用心提振生產力的過程產生干擾。現在請花幾分鐘好好思考，你是否深受這類刺激影響。它發生在你坐回書桌前的時候嗎？它發生在手機震動的時候嗎？它發生在你看見電腦螢幕上收件匣的郵件數字往上增加時？它發生在你回到家，發現有一堆家事要做時嗎？這些一再出現的干擾因素，是你提升人生的大好機會。

改善反應

身為人，我們可以選擇要做的事。維克多・法蘭克（Viktor Frankl）說得好，他說：「刺激和回應中間有一個空間。那個空間裡，存在著選擇如何回應的力量，而我們如何回應，決定了我們能否成長及獲得自由。」

但是現代人對於刺激的反應大多雜亂無章。我們不會注意到刺激的存在、不會注意到法蘭克講的空間，自然也不會去運用這個空間。我們經常無意識地做出反應，彷彿沒有中斷反應的認知能力。對於前面的表格提到的例子，我們的反應是：

- 回覆 Slack 程式的通知或回覆電子郵件。*
- 點選在瀏覽器中的分頁，最後開始購物、搜尋和逛網頁。

- 下樓看小狗怎麼了，發現洗衣機裡的衣服沒拿出來，同時又發現應該另一批該洗的衣服。
- 看見一隻小鳥飛過去，接著又看見兩隻，空中飄過一朵雲……樣子長得好像一把扶手椅，於是發呆放空。
- Google「咕咕叫」，找到一首講公雞啼的童謠，點燃你對童謠歌詞裡的好奇，接著……
- 打開第二份文件，第一份工作都還沒完成，就做起第二份工作。*

我們會想要一心二用（星號處*）或是掉進兔子洞。情況糟糕的時候，一心二用和兔子洞會造成極度嚴重的後果：它們會破壞生產力、打擊我們的成就感。更糟糕的是，有時候，我們會縱容有害的念頭，像是對社群媒體、過度工作、訊息平台等的癮頭。它們會破壞你內心的平靜，影響生產力和時間箱的力量。但是，一心二用和兔子洞發揮得宜，也能帶來樂趣。等一下我們也會討論到這點。

所以，該如何反應？

我們說過，首先要留意刺激因素。留意是所有好反應的先決條件，它讓我們選擇反應的空間。我們可以透過覺察與練習培養這項技能。

接下來，要快速判斷是否需要採取緊急措施，因應分心狀況。你真的需要現在花心思處理它嗎？有時候，答案真的是「是」，例如，列在第二四〇頁表格緊急事項欄位的大部分情況。遇到這些罕見情況，當然要做相應處置，立刻更動計畫（如果可以，別忘了更新行事曆上的時間箱）。

但絕大多數情況答案是「否」，如果你想回頭處理，請先記下來，回到排定的時間箱任務（你可以把稍縱即逝的念頭寫進待辦清單，以免忘記；假如無法立刻寫進待辦清單，也可以試著把想法說出來）。如果那是能夠馬上排除的干擾因素，請立即排除，並回到行事曆的時間箱任務。

流程如下圖所示：

〈圖 13〉 從干擾／刺激回到時間箱

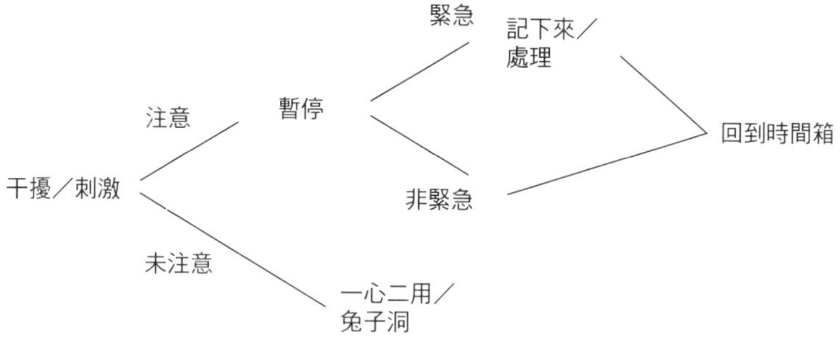

這裡有些策略讓你可以適當調整所處環境，鼓勵自己選擇更好的回應，更有意識地回到時間箱任務。相關內容請參見第9章。你很快就能學會，在受到刺激時，做出回到避風港「時間箱」的反應。

兔子洞

我們都有掉進兔子洞的時候。人類心智和網路超連結是滋長好奇心的溫床，而且好奇心會互相激發。

兔子洞可以帶來快樂。它有可能是令人愉快的美好經驗，可以帶來幫助和振奮人心。但是，像這樣失去自我控制，縱使感覺很棒，卻有可能招致不良後果。下面的描述，是否讓你覺得熟悉？

你按照計畫開始執行任務，突然有一條連結、一個句子或一張圖片引起你的興趣。你心想：「這是什麼？」在沒來得及覺察前，你已經點開連結去追兔子了。你因此展開一場全新的體驗，將心力投入其中。接著另外一樣東西吸引住你的目光，你離既定任務愈來愈遠。你因為追得專心所以失去時間感，進入心流狀態，走過一個又一個岔路，好奇心愈來愈重。最後，這趟冒險的興奮感平息了，回歸現實：你已經偏離起點太遠了。你從兔子洞回到手邊的任務，但是時間一去不返，你浪費了一堆時間。

不論你是否正在採用箱型時間，這種情況都經常發生。當它發生時，你不用責備自己、也不需要擔憂，因為沒有必要、沒有幫助，還會導致分心。訣竅是從一開始就避掉這種情況（亦即創造最有利的先決條件）、留意刺激因素，並做出回到時間箱的反應。你將學會在感覺到壓力、不堪負荷、恐慌時，想起要回到行事曆上，知道這麼做才能令你安心。

一心二用

大部分的人都會一心二用。從表面看，箱型時間提倡一次做一件事，所以這兩者互相對立，真是如此嗎？

一心二用是什麼？一心二用是一次做好幾件事，此時我們必須將注意力分散到不同任務，目的是在較短時間內多完成一些事情。這樣的概念來自電腦運算（好幾十年以前，電腦還只能一次處理一件工作。）

一心二用經常遭受批評與被誤解。有些研究以及網路文章對一心二用抱持負面看法，認為情境切換需要消耗大量認知能力。這些研究與文章大多認定，一心二用對生產力有負面影響。曾有一支深具影響力的影片，用一群傳籃球的人，證明了人們有視而不見的傾向。這支影片要觀眾去數穿白衣的人傳了幾次球。結果有過半的觀眾沒有看到，影片中間幾秒鐘，有個穿黑猩猩裝的人走過傳球場地。我們無法同時注意兩件事，這是科學給我們的答案。

某些情況確實不適合一心二用，像是：一面心不在焉地瀏覽社群媒體，一面跟朋友（或另一半）講話；一面傳簡訊，一面開車；一面寫程式，一面聊天；同時為兩件事情操心；一面照顧小孩，一面分析資料。我們最常遇到的糟糕狀況，就是開會中途點開一封措辭強烈的電子郵件。這封郵件引發我們一連串的思緒和感受，導致我們兩邊都顧不好。想想看，如果我們能夠自律，等待會議結束再點開信，情況不是好很多？我們隨手都能舉出各種試圖一心二用卻落得兩頭空的例子。

但是有些情況是可以一心二用，像是：一面煮飯，一面聽 Podcast；一面慢跑，一面思考難題；一面用手機輕鬆購物，一面看電視放鬆；在初次約會時，一面替陶器上色，一面認識約會對象。

事實上，一心二用可以發揮它的效果。有研究指出，「一心二用節省時間的祕訣在於，不會互相衝突的任務」，具體來說，一心二用只能用在認知需求低、衝突少的熟練任務。當然，對不同的人來說，熟練代表的意思不會一樣。

下方表格列出了工作與非工作任務，用來說明哪些任務可以同時進行，哪些不可以同時進行。如我主張的，對「你」來說，能否同時執行那兩件任務，那才是重點。

	除草	煮飯	閱讀	寄電子郵件	參加會議	洗衣服	擴散性思考	低強度運動
煮飯	✗							
閱讀	✗	✗						
寄電子郵件	✗	✗	✗					
參加會議	✗	?	✗	?				
洗衣服	✗	✗	✗	✗	✗			
擴散性思考	✔	✔	✗	✗	✗	✔		
低強度運動	✗	✗	?	✔	✔	?	✔	
高強度運動	✗	✗	✗	✗	✗	✗	?	✗

表格閱讀方式

①選出你想要比較的兩項活動。例如「煮飯」和「參加會議」。
②找出標示「煮飯」的直行（你第一個選定的活動）。
③接著找出標示「參加會議」的橫列（你第二個選定的活動）。
④從「煮飯」那一行往下找，走到與「參加會議」那一列的交叉位置。
⑤該位置的符號代表兩者活動的相容性。✔表示可以一起進行，✗表示不能一起進行，**?** 表示在某些情況可以一起進行。
⑥以我們的舉例來說，「煮飯」和「參加會議」的交叉欄位顯示了「**?**」。代表這雖然不是可以同時進行的活動，但若是線上會議你其實可以關閉鏡頭、戴上耳機，一面開會，一面煮飯。

有些任務，需要我們發揮想像力才能一心二用。例如，同時開會和做低強度運動，雖然不容易，但有可能辦到，前提是慎選運動類型。你可以在居家辦公室做做上肢伸展、用皮拉提斯球彈跳或在跑步機上走路。煮飯的時候，很難同時看書，但可以改聽有聲書。

其他組合是否可行有許多綜合因素要考量，主要因素是執行者的能力、個性以及任務的難度。以最常見的糟糕組合「寄電子郵件和開會」為例，你有辦法在會議上回覆信件，不去注意聽同事的發言嗎？這個問題有模糊空間。雖然在會議上回信很沒禮貌，但如果討論的內容跟他沒什麼關係呢？又或者，也許對方真的必須在冗長的會議過程，回覆緊急信件呢？時空背景很重要，請綜合思考，判斷對你最有利的做法，並讓一起配合的人清楚知道，你喜歡的工作和生活方式。

還有太多例子未列於表中，包括同時操心或反覆思考兩件事之類的困難任務。

其實，在某些情況下，第二項活動甚至有可能促進第一項活動的表現。例如，擴散式思考幫助我們找到聚焦式思考想不出的答案，或是某項活動本身太簡單，可能讓人無聊到想放棄，但當它跟另一項活動結合時就能順利完成，比如摺衣服搭配聽 Podcast。

一心二用甚至能提供認知優勢。有一份研究顯示，最常同時使用不同媒體的受試者，在多重感官統合方面表現最好。多重感官統合是指：大腦如何結合與處理來自五感（視覺、聽覺、觸覺、味覺、嗅覺）的資訊。

在可以一心二用的特殊情況中，箱型時間一樣可行。請有意識地慎選可以搭配的活動，並依照選擇描述時間箱，同時執行兩項任務。箱型時間和本書的目標是幫助我們善用時間，而非說教。至於其他不適合一心二用的情況，就算你很享受這樣做，也請做到：注意、暫停、若有需要記下任務，並平靜地回到時間箱任務，不要責怪自己未能妥善執行。

生活中總有許多令人分心、無可避免的干擾因素，那些也是人生和箱型時間的一環，就接受吧。你可以藉由認識先決條件、刺激因素及反應，更接近自己的目標並主宰人生。你無法也不需要將時間箱任務做到完美，你只需要透過箱型時間，朝正確方向前進，並收穫好處。

本章回顧

- 干擾因素會威脅箱型時間。
- 干擾因素可以分成：吸引人的先決條件、造成干擾的突發事件、我們對干擾因素的反應。
- 藉由認識干擾因素，我們可以改善這三種情況。
- 兔子洞會破壞生產力（並且使人開心）。
- 一心二用也會破壞生產力（並且使人開心）。
- 有些活動可以一起進行，有些不行。找出你有哪些活動可以一起進行，哪些不行。

想一想

■ 你最常因為什麼事情從目標分心？

■ 就連現在，你也會在時間箱和閱讀本書時分心。請注意發生的情境以及你的回應。想想可以如何防範、想想怎樣回應比較好。

■ 製作能帶你離開兔子洞的視覺化輔助工具，例如：寫有「回到行事曆」的小貼紙、立牌、滑鼠墊，甚至是你自己獨創的標語。將提醒小物放在會看見的地方，例如放在辦公桌附近，或貼在手機上。

■ 製作一張活動表，列出你可以或不可以同時進行的事。哪些活動可以一起進行？哪些活動可以在你發揮想像力後同時進行？

Part 4
內化

最後，要討論養成製作時間箱的習慣，並將其內化。
唯有年復一年，
長時間地在工作、休閒、睡眠三大領域一起落實，
你才能夠真正享受到，有意識地生活帶來的好處。

至尊戒，馭眾戒；至尊戒，尋眾戒；
魔戒至尊引眾戒，禁錮眾戒黑暗中。

——托爾金（Tolkien）英國作家
朱學恆譯

19

建立習慣

約 3700 字

約 11 分鐘

#例行活動 #行為
#刺激 #動機 #回饋
#錨定效應 #習慣堆疊

想要箱型時間在生活裡奏效，你得持之以恆地執行，當你養成執行時間箱的習慣，就更有可能持之以恆。若你無法養成這個習慣，本書教你的一切就會消失。一旦養成習慣，你將開啟一扇大門，成為你想成為的人、做你想做的事、過你珍視的人生。

我們都有好習慣和壞習慣。許多人會定期運動、健康飲食、冥想、保持良好的衛生習慣、努力工作、與鄰居守望相助、閱讀、學習等。但是我們也會咬指甲、強迫性賭博、漫不經心地滑3C、買不必要的東西、沉迷於媒體娛樂、大啖垃圾食物、拖延，甚至做出其他更糟糕的事。

箱型時間是一種後設習慣，它可以幫助我們建立和管理習慣。前述好習慣都可以排進行事曆來執行，而作為基礎習慣的箱型時間，可以幫助我們培養其他習慣。我喜歡將箱型時間視為統領一切習慣的習慣。

習慣是如何運作

近十年左右，許多討論「習慣」的科普文章如雨後春筍般出現。尼爾．艾歐（Nir

Eyal）的《鉤癮效應》（*Hooked*）告訴我們，科技巨頭如何利用習慣設計出吸引大眾的產品。詹姆斯·克利爾的《原子習慣》教上百萬人，透過設計簡單的行為來養成習慣。這兩位作家和其他許多作家引用福格（BJ Fogg）長達數十年，針對行為改變、習慣養成的研究。在這個螢幕使用時間和數位多巴胺當道的時代，科學家、神經生物學家、行為科學家、人類學家，以及許多其他領域專家紛紛投入，為了解習慣做出貢獻。

我同樣選用「福格行為模型」（Fogg Behavior Model）來解釋，養成做時間箱的習慣非常符合直覺。在我看來，這是最簡單、也是最自然的方法。根據福格的理論，行為可分解成下列公式：

行為＝動機×能力×刺激

這個模型告訴我們，**行為（包括習慣）要發生，必須具備三項條件：動機、能力、刺激。**

以「是否重讀本章內容」為例，可能促使你這麼做的原因，包括：

- 你有動機——你明白養成做時間箱的習慣很重要，但你讀完一遍文章之後，仍不明瞭該怎麼做。
- 你有能力——重讀本書的一章內容並非難事。
- 你接收到刺激——你在閱讀這幾條重點的過程，接收到刺激。

還記得嗎？箱型時間有兩項要素，分別是Part2 介紹的「計劃」和 Part3 介紹的「行動」，兩者互依互存——如果完成時間箱任務，就更有可能計劃時間箱；如果計劃時間箱，就更有可能完成時間箱任務。兩項要素齊備才能讓箱型時間成為穩定的習慣。

接下來，你會發現自己已經擁有動機、能力，也接收到執行時間箱任務的刺激。因此，在日常生活建立製作時間箱的習慣，比你想像的更容易。

動機

截至目前為止，你已經讀了超過兩百頁介紹箱型時間的內容。我因此假設，你已擁有某些執行時間箱的動機。

如果你覺得還需要更多的動機，請提醒自己，本書 Part1 列出箱型時間的六項好處，分別是：**幫助你記錄過去、帶給你內心的寧靜、幫助你聰明思考、幫助你與他人合作、幫助你提高生產力、幫助你更有意識地過生活**。你甚至可以選出一項對你最具意義的好處，為它編句朗朗上口的口號，作為自我提醒的刺激因素。例如，你也能把這句話寫在便利貼上、做成螢幕保護畫面或寫進預約自動發送的電子郵件。

另外一種提高動機的方法，是與你喜歡的活動畫上等號。例如，如果你喜歡早上喝杯咖啡，你可以用喝咖啡的那十五分鐘來做每日規劃。這種正向連結可以讓箱型時間成為愉快的活動。

還有沒有其他可以提高動機的回饋因素呢？時間箱規劃可以與多項情感回饋連結。首先，你會對自己用正確的方式展開一天而感到高興，看見排好時間箱的一天井然有序地展開，可以為你帶來成就感。再來，箱型時間亦能幫你減少面對一天的焦慮感。這種使人輕鬆的安心感，也提供了加強習慣的正向回饋。如果你使用的是共享行事曆，你甚至可以獲得社交滿足感。如福格所說，這些情感回饋幫助我們養成並加強習慣。

完成時間箱任務可以帶來滿足感，這些都是貨真價實的成就。請不要抗拒快樂，要擁抱快樂！你可以在紙上打上實體記號，或是使用表情符號，或是單純記在腦袋裡。請在這一天或這星期結束時，回頭看看，你會發現自己完成了好多事情。

請讓箱型時間變得好玩，第16章就是在講這件事。凡是沉悶、簡單、無聊的任務，像是把資料輸入電子試算表、清理收件匣信件、洗碗，都可以透過設定時間限制，變成有趣的挑戰。

有時候，你得要對自己嚴格一些。提醒自己想要成為怎樣的人——你要成為有意識朝目標前進的人、你要過自己選擇的生活。具體想像甚至放大「不執行」時間箱的缺點，也是很有效的。缺點包括：失望、疲憊不堪、未能完成任務的後果；你甚至可以善用自己的愧疚感。如神經生物學家安德魯・胡伯曼（Andrew Huberman）所說：「預先設想失敗，比想像成功效果更好。」

最後，請記住，「你」是動機的根本源頭。你在行事曆上排好順序的各種活動，是一股高層次力量安排的，那股力量就是你自己。那是紛擾的一天開始之前，處在相對平靜狀態下的你所排定的。還有誰能比那時候的你提出更好的意見？先前的那個你，是為現在的你提供動機的守護者，前提是現在的你願意聽取守護者的意見。

能力

福格行為模型提出一項重要概念，就是：**行為愈容易達成，所需要的動機愈少**。反過來說，當行為愈難達成，所需要的動機，強度就愈高。所以，即使你已經擁有不少動機了，也請你讓時間箱的執行，盡可能變得簡單。

以規劃時間箱來說，你只需要花個十五分鐘，就能讓接下來這一天過得更好。除此之外，請讓第一步儘量容易些。不要想著要用十五分鐘去規劃一整天，而是要想你的第一個行動，福格稱此為「起步」。就製作時間箱來說，你的起步有可能是打開微軟Outlook 信件、Google 日曆，或是閉上眼睛六十秒，看心中浮現什麼優先任務。找出規劃時間箱時最小最小的第一步，確定那是簡單、明確、實際的一步。一旦起步，你就能為接下來的一整天進行規劃。

至於時間箱的執行，要求就是一次執行一項任務。有時候任務也許沒那麼精彩、有趣或簡單，但那是你在稍早前，從一千件任務裡精選來的一件任務。除此之外，不需要太久時間，十五分鐘就好，最多三十分鐘、六十分鐘。

刺激

刺激是指任何一件告訴你「現在就做」的訊息。有一些刺激發生在自然環境，像是下雨了，要把傘撐開。但就很多其他習慣來說，例如箱型時間，我們需要刻意設計，會促使你行動的因素。

什麼事會每天提醒你規劃時間箱？對於使用數位行事曆的人來說，答案很簡單：就是每日一早十五分鐘的行事曆排程。我已在第9章告訴你（這是第一次激勵！）在行事曆排入這個重複的時間箱。如果你那時沒有安排，就請現在動手做（這是第二次激勵！）

試著讓這項每日預約行程為你提供刺激。想要有效，你需要每一天都能看到它。如果你已經養成起床第一件事就是看行事曆的習慣，你就不會錯過這個行程，也不會遇到問題。但如果你是以其他活動展開每一天，請想一想，你要怎麼進入行事曆上的「製作今日時間箱」。以下提供幾個例子：

- 如果你早上先去浴室刷牙或淋浴，你可以在鏡子前面或門上掛個牌子，提醒自己打開行事曆。
- 如果你的第一個活動是泡咖啡，你可以把便利貼貼在放馬克杯的櫥櫃上。
- 如果你第一件事是上網讀電子報，你可以在電子裝置上設定（每日）提醒事項，提醒自己要點開行事曆。

不管你選擇以何種方式開始箱型時間，都請仔細思考最後一個動作。福格說就是行為的「尾端（trailing edge）」。假設你第一件事是沖澡。沖澡的「最後一個動作」是什麼？是把衣服丟進洗衣籃、把燈關掉、噴一點剃鬍水或香水，還是其他事？不管是什麼，請善用「那個步驟」，讓它成為促使你打開行事曆、製作時間箱的刺激。如果你不是待在稍後要製作時間箱的場所，實行起來會比較困難一些。此時，重複大聲說幾遍類似「接下來我要規劃今日時間箱」的話，將轉換的刺激留在心裡，直到你走到製作時間箱的地方，或許會有幫助。

將想要建立的行為（此處為箱型時間）與現有習慣（沖澡、喝咖啡、滑平板）牢牢相連，這種做法福格稱之為「錨定（anchoring）」。詹姆斯．克利爾後來將其稱為「習慣堆疊（habit stacking）[17]」。

當然，隨著一天展開，有可能發生導致你偏離時間箱的事情。手機鈴聲、孩子跑來問問題、有人敲門……這時關鍵在於你要知道自己已經偏離了。

在你發現自己偏離正軌的那一刻，這就是帶領你回到行事曆、回到時間箱的刺激因素。舉例來說，許多人一天會在電腦前來來去去好幾次，好比中場休息或開完會回來。我們有「時間箱行事曆」這個正向刺激，但是除非我們親眼看見行事曆，否則行事曆不會有效果。所以，當你坐回電腦前準備繼續工作時，你的動作是什麼？你會打開筆電嗎？如果這樣，請在筆電蓋子上貼張紙提醒自己回去看行事曆。還是你會先看見螢幕保護畫面？如果這樣，請在螢幕保護畫面設「回去看行事曆」的訊息。還是會拿出其他工具？這裡也一樣，你可以在適當位置貼上提醒的貼紙，或許能在需要時發揮作用。

箱型時間並非全新的做法。每個人都會預約行程、會議和日程安排，而且大部分的人也都有在用行事曆。所以，你只需要將現有行為擴大，不需要從頭開始建立全新的習慣。你的成功機率很高。事實上，你很可能在閱讀本書過程中，就建立起執行箱型時間的習慣。

能堅持下去的習慣，才是至關重要的習慣。請採納這項建議，你很快就能在不知不覺中，以出色的能力執行箱型時間，並輕鬆建立其他次要習慣。

17 克利爾在這裡表示想法來自福格。

本章回顧

- 持續採用箱型時間將使你一生受益無窮。
- 箱型時間是能夠引導、組織諸多習慣的基礎。
- 福格行為模型說：行為＝動機 × 能力 × 刺激。三者是塑造習慣的要素，而這三者你已經掌握大部分了。
- 把箱型時間（計劃、行動）和你的現有習慣綁在一起，讓它容易實行。
- 箱型時間並非新方法。它是現有行為（使用行事曆）的延伸與加強，這是很容易實行的習慣。

想一想

- 檢查你規劃時間箱的動機與能力，你可以如何提高呢？
- 寄一封電子郵件給未來的自己（設定一個月後寄出），提醒自己採用箱型時間的初衷。在信件上，問問自己是否已經養成執行箱型時間的習慣了。

- 留意你為何無法完成時間箱，是因為任務無聊、困難？因為那是特定人士才做得到的任務？還是是自動排入的預約行程？
- 掃描下方 QRCode 或直接至 marczaosanders.com/rtc 下載「回到行事曆」的螢幕桌布，又或者自己設定螢幕桌布，更好。

回到行事曆

沒有比現在更好的時機。

——瑪麗・曼利（Mary Manley）
英國作家

20

正念

約 1600 字

約 5 分鐘

#思想控制 #冥想
#禪 #當下 #庇護所
#主動性 #觸類旁通

將箱型時間想成實用且簡單易學的正念，也許能帶給你另一種幫助與啟發。如果你有正念的經驗、曾經練習進入正念狀態，這樣的類比可以幫助你學習箱型時間。如果你渴望過更符合正念精神的生活，這樣的類比更能給你啟發。正念的意思是：

活在當下的心理狀態，

留意我們身處的環境以及自己正在做的事情，

不過度反應，也不被周遭事物分心。

你也許已在閱讀這條定義的時候發現，箱型時間與正念有許多共通點。不過，對一些人來說，箱型時間比較簡單，也比較容易上手。

正念與箱型時間相似

正念與箱行時間有許多明顯的相似之處，以下僅列舉其中幾項。

這兩種做法的目的都在幫助我們培養更高的心智掌控力。當我們企圖運用心智的力量去完成某項目標，這時候我們會遭遇導致分心的干擾因素，並且留意到這些因素——我們會在發揮後設認知能力後，不帶批評或責怪，回到原本想要完成的活動上。在兩場會議中間安排一段簡短的正念停頓時刻（這段時間也可以做成時間箱），可以製造認知緩衝期，將第一場會議和第二場會議的心理活動區分開，提升兩場會議的品質，並且證明箱型時間可以與正念互相結合。這兩種做法幫助我們培養主動性，以及主動的感覺。

這兩種方法也能保護我們避免產生不堪負荷的感受。正念幫助我們處理每天接觸到的感知資料與資訊。箱型時間幫助我們處理

〈圖 14〉 正念與箱型時間

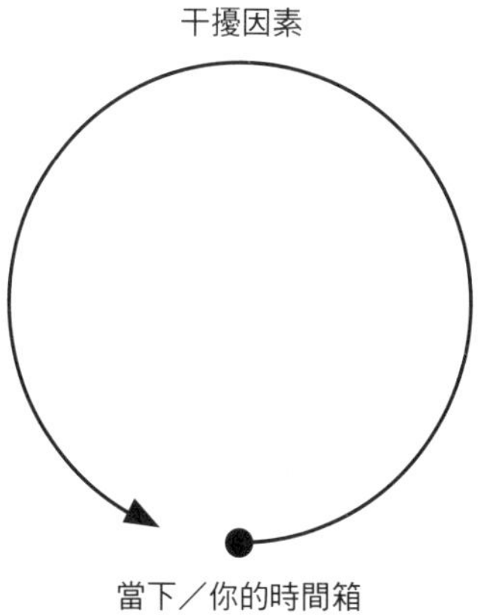

在每個時刻面臨到的眾多選擇——挑出一個，放掉其他，只關注唯一一件重要事項。這兩種做法都要我們在選項多得不可思議的花花世界裡，將注意力放在一件事上。兩種做法都能保護我們不被過多的想法和感受攪得心神不寧。這是我們的收容所、避難所、安全空間、堡壘，甚至是我們的庇護所、天堂、綠洲。

這兩種做法都能帶我們接觸到更高層次的力量，亦即先前處在平靜時刻的我們。正念幫助我們接近、注意、理解內心深處的想法和深層情緒，那些是真正使人興奮、害怕或重要的人生片段。箱型時間隨時能帶領我們找回不受干擾、平靜的自我，用清晰的頭腦去思考及規劃。

這兩種做法注重的都是當下，而不是過去或未來。正念將我們的注意力引導至當下。如山姆．哈里斯（Sam Harris）所說：「未來永遠不會到來。」同樣地，從某種角度看，在箱型時間裡面，你只存在於當下的時間箱。箱型時間持續鼓舞我們存在於製作成時間箱的當下。

這兩種方法都能培養感恩的心。正念鼓勵我們感激與欣賞這一刻，以及可能被視為理所當然的生命恩賜。箱型時間提醒我們，現在面對的那些為數可觀、令人喘不過氣、負擔沉重的選擇，是過去的人們幾乎無法享有的特權。

Part1 已經介紹了箱型時間的好處，這些好處與正念的優點相符合。正念透過自我覺察，讓我們更能夠了解自己。它教我們透過接納，達到內心的寧靜；透過清晰的頭腦，讓思考更加聰明；透過同理心和善意，讓我們更能夠與他人互相合作；透過專注，完成更多目標；並且透過刻意而為，展開更美好的人生。

箱型時間更為簡單

這兩千五百年以來，人們從正念獲得非常多的好處，包括獲得見解、減輕壓力和提高幸福感。

但是要時時刻刻執行、維持在這種意識狀態，絕非易事。這種超凡狀態轉瞬即逝，我們很難知道自己是否真正進入正念狀態，也不可能讓別人知道你進入那樣的狀態。反過來說，箱型時間就像你拿在手中的一本好書，平易近人、穩定又牢靠。

時間箱是有形的，它是行事曆上的預約行程。你可以把它指出來、編輯它。它能明確告訴你要在什麼時候、做什麼事，沒有難以捉摸之處。

時間箱教人寬恕。好比說，你可以有三十分鐘出錯、分心、注意到自己分心和回歸正軌的時間，如果有必要，你可以重複這個過程好幾次。

時間箱的成敗很明確。要嘛在時限內完成工作，要嘛沒有完成：要嘛通過，要嘛失敗。不管結果為何，我們都能反思和改進。明確的結果，塑造出更牢靠、有啟發性的回饋循環。

本章和本書的目的不是要詆毀正念的傳統。但對某些人來說，箱型時間或許比較簡單，也比較實際，可以作為他們邁向正念生活的踏腳石。

■ ■ ■ ■

箱型時間和正念，兩者相輔相成。將兩者並列思考，能讓箱型時間更具吸引力，也能讓正念更容易實現。

本章回顧

- 正念和箱型時間有許多共通點。
- 對許多人來說，箱型時間更平易近人。
- 你可以把箱型時間當成練習正念的途徑。

想一想

- 你覺得正念和箱型時間還有哪些相似之處？
- 你還會在哪些情境中，積極重新凝聚注意力？什麼情況你做得最好，什麼情況做得最差？
- 安排一個十五分鐘的時間箱，深入思考箱型時間。閉上眼睛，心中想著箱型時間，觀察自己想到什麼，將你記得的事情寫下來。你看出正念和箱型時間，還有其他相似之處嗎？

休息並心懷感恩。

——威廉・沃茲華斯（William Wordsworth）
英國浪漫主義詩人

21

適當休息

約 2400 字

約 8 分鐘

#休息 #恢復 #精力
#恢復活力 #暫停 #休假
#放鬆 #靜下來 #閉上眼睛
#呼吸 #深呼吸

我們從未好好思考過什麼才是最好的休息？大部分的人只在身心到達極度緊繃的情況才會休息，而不是在適當狀態下好好運用時間休息。請換個方式，在安排時間箱時，多花點心思在暫停工作、休息和恢復活力上。

二〇二一年微軟公司在研究中，運用腦電圖分析與壓力有關的β波活動。受試者分成兩組，一組連開兩場線上會議，另一組在兩場會議之間，有十分鐘可稍作休息。這場實驗產生三個重要見解：第一點，休息能讓大腦重新開機，減少一天下來累積的壓力；第二點，休息能產生正向的前額葉α波不對稱，這種正向不對稱有許多好處，其一是提高專注力和投入能力；第三點，接連的會議會使得壓力驟然上升。休息能幫助我們產生較佳的感受及表現。

休息很重要，但每個人對休息的需求、可從中獲得的好處，都不一樣。本章要探討一天當中的休息，也會稍微談及週末與假日的休息。

在許多地方，法律甚至會規定員工有休息的權利，讓員工休息是雇主應盡的責任。舉例來說，在英國，連續工作超過四個半小時，員工就有權利至少休息三十分鐘。此處假設多數讀者曉得及擁有應得的法律權益，也假設你們跟我寫本書的時候一樣，擁有選擇和規劃休息時間的餘裕。

所以接下來我要問，休息的目的是什麼？如何休息？休息多久？

休息的目的是什麼？

我依照「目的」將與休息有關的活動進行分類。這樣的分類呼應了刻意安排時間箱的做法，以及箱型時間運用和產生的主動性。雖然我們也可以用其他方式來區分這些活動，像是依照社交、轉移焦點、學習等方式，但那樣無法探討最關鍵的一點——休息的「原因」。休息是為了在以下幾方面得到助益：

- **心智**：透過讓大腦休息或轉移焦點，來減輕壓力，使大腦進入處理下一件任務的最佳狀態。
- **身體**：滋養肌肉與骨骼。請注意，從不活動到激烈活動，有許多休息方式可達此目的。
- **獎勵成就**：如第19章所見，獎勵可提供動機和激勵我們，它能在大腦裡為反應和獎勵建立正向連結，將好的做法強化成既定習慣。

我們選擇參與的活動，都可以歸入下表分類。我們應該要依照目的來選擇活動。也有人會利用休息時間，從事具生產力的非核心活動，像是打理日常庶務、學習或工作進修。這些是值得讚許的好活動，不過在我看來，這些都是該按照箱型時間標準流程來處理的「任務」。

該如何休息？

休息的方式太多了！我們很少積極思考如何善用。以下常見休息活動都至少符合上述其中一項目的，請想一想它能如何為你所用：

活動	心智	身體	成就	活動	心智	身體	成就
冥想	✔		✔	恢復精力的小睡時光	✔	✔	✔
閉一下眼睛	✔			進行呼吸練習	✔	✔	✔
眼睛離開螢幕	✔	✔		走走路[18]	✔	✔	✔
吃點心		✔	✔	喝飲料	✔	✔	✔
凝望屋外（如果可以，看向大自然）	✔	✔	✔	進行高強度健身運動，像是快跑		✔	
進行低強度健身運動，像是陰瑜伽	✔	✔	✔	找同事聊天	✔		✔
跟人敘舊	✔		✔	查看訊息			✔
看書	✔		✔	整理書桌	✔		✔
為下一場重要會議自我打氣[19]	✔			走入大自然	✔	✔	✔

18 哲學家康德很喜歡這樣做。

19 你可以具體想像、做呼吸練習、修改筆記、排練或給自己正向肯定。

活動	心智	身體	成就	活動	心智	身體	成就
做白日夢	✔			伸展	✔	✔	✔
打電話給家人	✔		✔	讀一篇你一直想讀的文章	✔		✔
向別人表達感激	✔		✔	寫日記	✔		
塗鴉	✔		✔	禱告	✔		✔
上廁所休息一下		✔					

你可以依照情況去調整這些活動。舉例來說，每個人適合的飲食量並不一樣，但從科學的角度看，含有蛋白質、碳水化合物、脂肪的飲料，會對認知表現形成不同的影響。有些書能讓你放鬆休息和獲得好的回饋，有些則會產生反效果；同事和家人也是一樣。所以請在你能選擇的五花八門的各種活動當中，針對不同情況，挑選最適合的休息方式。

這是一張兼容並蓄、不帶批評意味的活動清單。目的是要鼓勵你獨立思考，而不是要你照單全收。只有你自己，特別是處在較佳狀態的你才會知道哪些活動最適合你。想要更了解這點，你需要再多花心思注意，哪些休息活動、會在哪種情況給你最大幫助，並且可以調整及修改。

最後，請注意，轉換注意力還有可能帶來一項間接好處，就是解決你懸而未決的問題。有時候，放鬆注意力反而能夠找出，你執著在某狀態下無法發現的解決辦法。大衛．奧格威（David Ogilvy）說過一段引人入勝的話，精準說明這個過程：「把資訊裝入你的意識，然後暫停理性思考。你可以走一段長路散步、泡個熱水澡、喝半品脫紅葡萄酒，幫助這個過程。」

休息多久才好？

許多建議說，每四十五到六十分鐘就休息個幾分鐘。一些網路資料甚至明確指出，高生產力人士的做法是每工作五十二分鐘，休息十七分鐘。還有一些擁有實證的研究（雖然未經常被人引述）指出，做十分鐘有氧運動可提高認知能力，短暫轉移注意力可大幅提升專注力。

我必須再說一次，「對你有用的」才是最有效的方法。你必須自己嘗試並且找出最佳做法。休息太多次、太久，就跟不休息一樣，也會導致表現下滑，我們得找到中間的平衡。

想要做到這點，就必須更用心地觀察。休息時間多短會讓你覺得不夠？休息時間多長會讓你懷疑是不是太久了？**不要只是選擇開始休息最想做的事，請考慮會讓你在休息結束後感覺最好的活動**。

我通常會花五到十分鐘休息，在三十分鐘的時間箱裡休息五分鐘（也就是執行任務二十五分鐘），在六十分鐘的時間箱裡段休息十分鐘（執行任務花五十分鐘）。但我在十五分鐘的時間箱幾乎不太需要休息。我行事曆的預設值是二十五分鐘和五十分鐘，設置內含休息時間的時間箱，對我來說，執行起來極有效率，效果也很棒。

工作外的時間

不只在忙碌的日子需要休息，正常上班以外的時間，像是休閒、例假日也要花時間多多休息。

我們要像安排每日的休息時間那樣，用心規劃休閒、休假、例假日。請考量你希望這些時間達到怎樣的效果，好好地安排運用。此外，請注意，這些「工作外的時間」也可以放進時間箱，收穫良好成效，例如我自己會把一半工作外的時間也排進行事曆。

■ ■ ■ ■

休息是箱型時間的重要環節。好好休息能幫助我們提高生產力、減輕壓力。請思考本章列出的因素，在妥善安排下，用能提振自我士氣與精力的方式，好好喘息。你是打造自身經驗的煉金術士，你有責任將工作、創意、相互作用、休息等元素，調入你所選擇的靈丹妙藥。

本章回顧

- 我們需要讓身心放鬆，也要適時獎勵達成的成就。
- 用更開闊的視角看待休息，我們有各種不同的休息方式可以選擇。
- 專心做事半小時休息五分鐘，最接近理想比例。
- 工作以外的時間就好好休息，這是很重要也要刻意做到的事。

想一想

- 表格內的哪些活動最能讓你好好休息？
- 試著想出兩到三項不在表格上具有建設性的休息方式。
- 你覺得哪種休息方式回饋較多，是身體上還是心靈上的休息？你現在比較需要哪一種休息？

對我來說，拂曉就是轉換信號。
重點不是身處在光線裡，而是要在拂曉之前，就坐在書桌前面。
某種程度來說，是拂曉的光線開啟我的寫作能力。

——童妮・摩里森（Tcni Morrison）
美國非裔女作家

22

好好睡覺

約 2300 字

約 7 分鐘

#睡眠 #小睡片刻 #午睡
#睡眠衛生 #舒適
#晝夜節律 #睡眠儀式

請想像，你將出席並全程參加一場長達八小時的會議，而且你在這場會議上的表現，將對接下來一天與往後日子的感受產生莫大影響。你應該會為這樣重要的會議做足準備吧？我相信，我們每天晚上都有這樣的習慣，但是大部分的人都不會好好準備。目前為止，本書只談到工作及休閒時清醒的十六小時，還有八小時的睡眠時間尚未討論。箱型時間能否幫助我們過好這三分之一的日常呢？

我要在這裡先提出幾項假設（但非我的主張）。我假設，睡眠是影響情緒、健康、生產力的主因。我也假設，良好的睡眠衛生習慣，包含但不限於下列條件：

- 固定的睡眠時間
- 在早上運動，不在晚上運動
- 適度地小睡片刻
- 快到預定睡覺時間前，減少或完全不碰酒精、尼古丁、咖啡等刺激性物質
- 管理光照，尤其是白天、傍晚和晚上接觸到的自然光
- 營造舒適的環境，包括：光線和溫度
- 避免在睡前從事刺激活動，尤其不要讓自己操心

睡眠衛生[20]有充分且持續增加的科學證據支持。本章的重點將放在箱型時間如何幫助我們改善睡眠衛生，並進一步提升睡眠品質、心情、健康及生產力。

早晨

一夜好眠始於醒來的那刻。我們應該要睜開眼就馬上接觸自然光。這麼做可以：

- 做好晝夜的作息管理，讓我們在最需要的時刻，擁有更清醒的頭腦和更加神清氣爽，並在清醒大約十六小時後更容易入睡。
- 提振心情與精力。自然光可刺激血清素分泌，這是管理情緒的神經傳導物質，可幫助我們提高警覺性與專注力。

20 如果你對這些假設背後的歷史與科學感興趣，我推薦馬修・沃克（Matthew Walker）的著作《為什麼要睡覺？》（Why We Sleep）以及羅素・佛斯特（Russell Foster）的著作《生活時光》（Life Time，暫譯）。

- 提高體內維生素D的含量。曬太陽是身體製造維生素D的主要途徑，維生素D有助維持骨骼、牙齒、肌肉、免疫系統的健康。
- 提高生產力。研究證實，自然光也有助提高認知表現、警覺性和生產力。

如果你和童妮·摩里森一樣，天還沒亮就起床，請享受寧靜中的黑暗與緩緩亮起的天光。移步到太陽升起時可接觸陽光的位置。若你所在的地方不允許，可以使用人造光，並盡量在可以的情況下曬曬自然光。

也可以在方便接觸自然光的環境工作。有一份研究發現，白天接觸過自然光線的人比沒有接觸陽光的人，多睡四十六分鐘。

請在早晨（或較早一點的下午時段）運動。白天有運動的人睡得比較好，不過睡前運動會帶來反效果。

製作時間箱的時候，請考量這些影響睡眠的因素。務必確定每天的第一個時間箱可以讓你的眼睛接觸自然光。如果你的第一件任務是規劃當日時間箱（若是如此我很高興），請安排在有（自然）光照的地方。也請你將早晨（或下午稍早）的運動排入時間箱，以確保你會在身體最需要的時間運動。

小睡片刻

小睡片刻和一早接觸自然光相同，帶給我們許多好處——有助於提振心情、警覺性和認知能力。很多人都認同需要小睡片刻以度過腦袋昏沉的時間，尤其是午餐後的下午時段。

現在有所謂的睡眠艙，儘管還不普及，但這些設備在重視員工身心的企業愈來愈受歡迎——當然，這些公司這麼做也是為了提高生產力。西班牙文「siesta」，義大利文「riposino」，日文「居眠り」、中文「午睡」，都是指在白天（通常是下午時段）小做休息，可見這個做法在多個國家盛行已久。

如果情況允許，而你也想睡個午覺，請用適當的方法進行：理想的午睡時間是二十到三十分鐘，這樣既可以獲得午睡的好處，又不會對接下來這一天或晚上的睡眠，造成不良影響。你也許會想嘗試睡眠瑜伽引導你放鬆冥想。如果你可以將小睡片刻排入日常行程，最好安排在差不多的時間，讓身體適應這樣的作息。換言之，請將小睡片刻排入你的行事曆。

你可以嘗試不同做法，找出對「你」有效的。長度、時間點、音樂、咖啡因、擴香器、自我催眠、靈魂旅行[21]以及入睡時選擇思考的事物，還有很多可以探索的地方。

睡前儀式

夜晚入睡前的例行儀式，有助提升睡眠品質。

讓我們回推一日的作息。假設你打算在早上七點起床，以睡眠八小時來推算，你得在前晚十一點入睡。從上床前幾個小時，你就開始準備了。以前面為例，九點就要準備。不是什麼都不做，只準備睡覺，你必須檢查當下的情況是否符合條件，還要避免做不利睡眠的活動。

回到前面的睡眠衛生因素列點，前三點我們討論過了。酒精等刺激性物質請減少攝取或完全避免。慎選並控制音樂、休閒活動的音量，少接觸刺激性的聲音。待在光線柔和的環境，避免眼睛再去接觸LED藍光螢幕。現在很多智慧型手機和筆記型電腦都可以調整藍光設定，或是在固定時段才啟用藍光。給自己一個舒適的睡眠環境，請注意，讓身體降溫我們才能順利入睡，攝氏十八到二十度是最多人感到舒適的環境溫度。

最後，睡前你可以做這些事，例如：

可以	不可以
• 洗熱水澡 • 按摩 • 冥想 • 寫日記 • 聽輕音樂或氛圍寧靜的播客 • 安靜地清理雜物	• 看恐怖電影 • 打電動遊戲 • 吃大餐 • 與人言語衝突 • 查看收件匣，忍不住開始煩惱工作的事停不下來

21 astral projection，又稱星體投射，意思是在極度放鬆的情況下，讓意識離開身體。有一些靈性主義者主張，靈魂旅行可以深層放鬆，進而間接助眠。

實際上，只要睡前一、兩個小時不看螢幕，你就能得到前述百分之九十的效果。箱型時間也可以幫助你在某段特定時間「不做」某件事——刻意不做某件事有助於養成習慣，但百分之九十的人都做不到。

最後，上表提出的建議也適用於你身邊的人，不管是孩子、伴侶、室友等都能從中受益，請在能力範圍內發揮影響力。周遭的人睡不好，你的睡眠品質也會受影響。再說，為善最樂。

■■■■

良好的睡眠可以振奮心情、促進健康、提高生產力；良好的睡眠衛生帶你擁有良好的睡眠。將某些做法和活動排入時間箱，有助於提升睡眠衛生。有鑑於此，請將睡前儀式做成時間箱排入行事曆。

本章回顧

■良好的睡眠對心情、健康、生產力至關重要。

■睡眠衛生包括以常規做法提升睡眠品質。

■時間箱可以促進睡眠衛生，包括：一早接觸自然光、運動、有節制的小睡片刻、晚間的睡前儀式（減少噪音和亮光、靜心活動、不看螢幕）。

■這些做法也可使周遭的人受益。

想一想

■請在明天的行事曆安排，能讓你接觸陽光、做運動的時間箱。

■你的睡眠習慣好嗎？寫出你常做的好習慣和壞習慣。你能多做一些有益睡眠的事情嗎？或是避免哪些不利入睡的事情？

■你有沒有哪個現在就能改掉的不良睡眠習慣？

■為了進入下一章，也鼓勵你使用市面上各種睡眠輔助工具，想一想，你有沒有幫助入睡的科技產品？例如：應用程式（睡眠追蹤、呼吸訓練、引導冥想）、穿戴式睡眠追蹤裝置（追蹤環、手錶）、藍芽眼罩、智慧型床墊、重力毯。如果你追求專業，甚至可以使用神經回饋和腦電圖裝置。

科技是有用的僕人，但卻是危險的主人。

——克里斯蒂安．洛斯．朗格（Christian Lous Lange）

一九二一年諾貝爾和平獎得主

23

工具與科技產品

約 2300 字

約 7 分鐘

#硬體 #軟體 #功能
#數位 #類比 #後設認知

科技以及時間箱專用工具正不斷地進步。近幾年來，不少新創公司開發輔助行事曆、待辦清單、箱型時間的應用程式；世界級科技巨頭也推出目的相同的功能。

但我認為，大部分的人不需要太多工具與科技，也能獲得箱型時間的實質好處。我個人就只使用數位行事曆以及一份兼做待辦清單的文件。

不過，不同的數位工具、實體工具、心理工具，也許對「你」有益。我非常鼓勵你思考是否需要使用工具，以及使用工具的目的。你是為了要計時、提示、排序、分享、同步嗎？還是有其他目的？你真的不能只依靠最基本的工具，來達成目的嗎？[22]

數位工具

■ 時鐘

計時很重要。如果你跟大家一樣仰賴電腦工作，要看見現在的時間並不難，它通常顯示在螢幕右下方或右上方。用電腦看時間比用智慧型手機好，因為智慧型手機有許多讓人分心的東西。當然，手錶這類攜帶型計時器也有計時功能，整體而言，你要小心任何會引你進入花花世界的介面。

應用程式

近幾年來，許多人投入開發提高生產力和促進時間管理的應用程式，甚至是箱型時間的專用程式。上網搜尋「時間箱應用程式」，你會看到許多搜尋結果，與本書掌控、刻意安排生活的理念不謀而合。但有沒有哪款程式能有效達此目標？

透過應用程式管理數位行事曆，主要優點在於：行程變動時，應用程式會自動重新安排行事曆。行程本來就有可能會變，但就我所知，在我自己執行箱型時間十多年，手動調整行程從來沒有對誰造成困擾。事實上，行程變更後的重新安排，幫助我掌握手上任務的性質，了解該將任務安排在什麼日子；讓AI技術幫我自動安排，反而會削弱我對任務的意識、主動性與表現。

---

22 本節內容未來某天極有可能過時，但我會把更新內容在下方QRCode。

更新你的工具

市面上有許多功能大同小異的待辦清單和行事曆應用程式，可能也有相同缺點。不過，我仍鼓勵讀者嘗試，大不了就是試用幾天後就刪除。最好的結果是，你找到幫助你持續實踐箱型時間的最佳工具；又或者，你將開發出一種全新還沒有人知道的管理妙招，這是另一種結果。

■ 數位行事曆內附功能

微軟的任務管理程式「To Do」涵蓋了箱型時間的多種功能。微軟公司最近也開始允許使用者將電子郵件拖曳至行事曆圖示，製作電子郵件時間箱，甚至納入郵件內文。Google的「專注時間（Focus Time）」功能可幫助使用者不分心。過去這一年，Google也推出「Time Insights」，供使用者分析時間運用。如我在第11章所講，我只用「Time Insights」管理不同生活領域的時間運用情形。不妨研究一下這些功能，既然你已有使用數位行事曆的習慣，延伸的功能應該不會造成太大的麻煩或花太多成本。

大型語言模型

在我撰寫本書時，ChatGPT 成為史上成長最快的消費應用程式。雖然它並非專為箱型時間設計，但這些模型確實能派上用場。本書主張，當我們有時間讓大腦做準備，通常可以大幅提升任務表現。我特別建議讀者針對會議準備製作時間箱，以利啟動完成任務的高速認知過程。

大型語言模型可以提供點子、摘述文字、搜尋參考資料、整合概念，幫助我們在進行任務時啟動高速運作的認知過程。它可以在規劃時間箱的預備階段或時間箱本身時，針對主題啟動思維。根據這條脈絡與目的可知，大型語言模型可為人類提供清楚、純粹、安全的協助。至於它是否會消滅其他事物或引發糟糕後果，就留待給他人討論。

實體工具

你不需要任何實體工具，但你可能會想用。行事曆、筆記本、待辦清單，有紙本樣式，也有數位樣式。許多人喜歡實際看見、觸摸、感受，甚至嗅聞真實世界的物品。對多數人來說，雲端備份、裝置同步、共享功能的好處，遠遠勝過陳舊的類比款式。我站在數位款式的這邊，至少就執行箱型時間的需求來說，我比喜歡數位產品。

但是，即便是數位產品的死忠支持者，也應該思考，如何促進實體環境而不妨礙日常的時間箱任務。要讓周邊事物幫助我們專注處理時間箱。這類實體物品也許跟高科技完全沾不上邊，但它們仍然是一種科技（科技有個簡單的定義：將知識應用於實際目的）。舉例來說，沙漏可以幫助你計算任務剩餘時間，在你分心的同時，提醒你現在是時間箱時段，必須回來做正事。我有一個從三十歲開始，用到現在的寶貝沙漏。

另外，在便利貼上寫「回到行事曆」也能達到前述提醒效果。有些人可能會喜歡用魔術方塊計時器（這個有數位版本以及實體版本），這類計時器的時間單位通常設為十五分鐘、二十分鐘、三十分鐘、六十分鐘（與我在第12章提到的標準時間箱大小恰好吻合）。

心理工具

後設認知技巧是執行箱型時間非常重要的一項工具。雖然數位科技和實體工具可以幫助你，你也應該運用這些工具來減少干擾因素、保持專注、避免掉進兔子洞，但是我們無法做到逃避自己的想法。不管我們設置多少數位或實體障礙，仍然會有各種想法闖進我們的腦袋。唯一的解決辦法只有如第18章所強調，更用心留意這類情況，並在它發生時，將自己拉回行事曆——特別是，將自己拉回到時間箱。

別忘了，我們可以培養時間概念。我們都有自己的晝夜節律和生理時鐘。我們可以從自己培養出來的時間概念，估算花了多少時間執行任務，而且只要加以練習，看時鐘的需求就會減少（鐘錶本身也是干擾因素）。箱型時間有助守時，守時有助箱型時間。

■ ■ ■ ■

你可以從這本書其他章節描述的執行要點，獲得箱型時間的諸多好處。多試一些其他技巧，也許能讓你更享受箱型時間。請妥善考慮你是否要運用這些額外技巧，注意，這些來自數位、實體和心理領域的工具，我們要清楚掌握每項工具的使用目的。因為我們的目標是讓箱型時間奏效。

選擇如何度過在地球上的時間，是我們唯一能夠仰賴的意識經驗，對每個人來說都很重要。箱型時間是達此目標的一個辦法，在我看來，它是最棒的。所以，請在每一天，以你自己的方式，用心實踐。

本章回顧

■市面上有許多可以應用於時間箱的工具。

■你不需要任何科技產品，也能成功運用箱型時間。

■有些科技產品能帶給你更好的體驗。

■想想有哪些工具能夠幫助你，使用它們可以達成什麼目的。

想一想

■你的個人生產力系統是否仰賴某些科技產品？列出並且檢視，你可以如何改善呢？

■下載箱型時間應用程式，並試用一個星期。

■箱型時間是一套心態和方法，你能講出箱型時間它具備哪些心態要素嗎？它是一套怎樣的方法？

現在我的任務已順利完成，
我可以飛翔或奔跑了。

——約翰．密爾頓（John Milton）
英國詩人，思想家

24

看見效果

約 3300 字

約 10 分鐘

#行為轉變 #好處
#阻礙 #採納 #調整
#融入 #內化 #量身打造

問題不在箱型時間是否有效，如我在第2章所寫，箱型時間確實有用，但它能否在「你」身上發揮效果。如果你一直跟著我邊做邊學，應該已經看見效果了。

不過，我們不能空口說白話。箱型時間應該在你身上發揮了這些效果，包括：

- 養成執行時間箱的習慣
- 清楚知道該怎麼做
- 在預定時間把事情完成
- 從箱型時間得到許多好處
- 內化這套心態和方法

如果你有上述這些經歷，那麼我很確定，你對執行這套方法充滿信心，想要繼續執行。但只要一個地方不對，也許就無法成功。本章提出的問題將幫助你找出問題所在，並解決它。

不過，第一件事是調整我們的期待。

不要期待箱型時間隨時有效

我沒有把生活排滿時間箱。時間箱在許多情況派不上用場，甚至會造成麻煩。我們可以透過認識時間箱不適用的事情與時機，去了解什麼情況下「不該」製作時間箱，避免自找失敗。

在工作和家庭生活裡，有好些事無法預料。例如，參加充滿意外情況的活動（如慶典、派對、會議、烤肉）——現場有太多狀況，時間、地點、對象，都無法預料或管控。又或者，孩子以旺盛的精力與熱情轟炸你。又或者，你在翻修住家，整天應付供應商和工人的狀況。若想在這些情境使用箱型時間、安排細節活動，反而會毫無建樹。

也有一些井井有條、可充分預料的工作，不太適合排進時間箱。例如，工廠員工、收銀員、餐飲業員工、保全，許多職業沒有太多安排任務順序的機會。所以對這類工作者來說，箱型時間在工作上的用處不大。不過，就工作之外的生活而言（一般人大約還有三分之二用在休閒和睡眠上），箱型時間仍可帶來可觀的好處。

你希望日子過得更隨興嗎？表面上，箱型時間不是實現這個目標的最佳做法，而且混亂也有它的好處，包括：賦予多樣性、驚喜、挑戰、創意、解決問題等（不過，有一些可排入時間箱的活動，仍能帶給我們更高的自發性，例如：不做事或隨興地做事、上酒吧、藝廊、舞廳等充滿未知刺激的地方，或參加即興表演課、通勤途中找陌生人攀談、上創意寫作課，做一些可促進隨機性的活動。）

最後，別讓時間箱掃你的興。把終點目標訂太死會扼殺驚喜與樂趣。才剛入夜，你就想著午夜十二點整必須從舞會離開……那樣的舞會有什麼好玩？

你在執行箱型時間嗎？效果如何？

這是兩個重要而不同的問題。執行＝行為；效果＝好處。請注意，最糟糕的結果是你在「執行」，但「沒有」效果，也就是你有付出，沒有好處。所以，讓我們來檢視一下你的進展。請儘量精準回答下列問題。

■你在執行箱型時間嗎？

問題	答案選項（擇一）		
你通常會提前將大部分的任務排進時間箱嗎？	是		否
你是否營造出不會分心、有利工作的環境？	是	有時候	否
你是否有條不紊地寫待辦清單？	是	有時候	否
你是否定期將待辦清單事項排入行事曆？	是	有時候	否
你是否在選定時間回覆電子郵件？	是	有時候	否
你開始處理時間箱任務時，是否覺得時間箱安排得宜？	是	有時候	否
你能在時間箱時段完成任務嗎？	是	有時候	否
你的目標是否設定為完成、交付和分享任務？	是	有時候	否
你是否能順利從白日夢和兔子洞回到行事曆上？	是	有時候	否
你對預估時間箱大小上手嗎？	是	有時候	否
你是否積極思考休息的時間與方式？	是	有時候	否
你有沒有睡眠儀式？	是	有時候	否

有沒有收到效果？

問題	答案選項（擇一）		
箱型時間是否為你的生活具體帶來重大好處？	是		否
你的時間箱紀錄是否曾派上用場？	是		否
你是否因為採用箱型時間，一次只做一件事而感覺壓力減輕？	是	有時候	否
你是否思緒更清晰，更能好好思考或深入思考？	是	有時候	否
有沒有同事受惠於看見你的行程？	是	有時候	否
你有沒有受惠於看見同事的行程？	是	有時候	否
你有沒有完成更多事情？	是	有時候	否
你有沒有睡得更好？	是	有時候	否
你有沒有用這套方法去調整人生軌跡？	是		否
你有沒有找出最重要的生活領域？	是		否

你現在知道有多少時間花在哪個領域嗎？	是	有時候	否
你很常不按安排好的時間箱做事嗎？	很少	有時候	經常
你是否相信箱型時間有用？	是	有一點	否

如果你在這兩張表格中，有十二個以上的答案落在「是」，表示你執行得很好。另外，有個捷徑可以快速判斷箱型時間成效。你也許已經將箱型時間用於某個特別任務，像是與老朋友恢復聯絡、深化能力、陪伴孩子、重新與另一半花時間培養感情等。如果你安排了這樣的時間箱，你就不需要我或前述測驗，來告訴你箱型時間有用，你將領會到箱型時間的真正力量。

可能的阻礙

我預估應該不會超過十分鐘，你就要讀完本書了，你將重新投入多采多姿的忙碌生活。不是每個嘗試學習箱型時間的人都能堅持下去。

所以，在我們互相道別之前，讓我來預測，你會遇到哪些常見狀況。我根據自己的實作經驗，從其他箱型時間擁護者、反對者的討論中（包括線上論壇討論），歸納出下列常見的狀況：

■突然出現緊急任務，打亂時間箱

有些人經常在工作上遇到突發狀況，如果你是在急診室工作的護理師或醫師，事先規劃的任務只會被丟到一旁，箱型時間派不上用場。箱型時間不適用於急診室人員（至少不適用他們的工作）。另外，雖然大部分的人工作環境不至於太誇張，但偶爾都會遇上突發事件，像是：重要客戶來電、突然有登上媒體版面的機會、老闆提出意外的要求。箱型時間不會因這些可能事件而失去用處或效果大打折扣。第一，對大部分的人來說，這些並非普遍現象，而是例外。第二，當你有可能會收到緊急要求，你要做的是**提高「查看和處理訊息」時間箱的出現頻率**，例如，每兩小時查看和處理郵件一次，而不是完全不安排這樣的時間箱。第三，事情的優先順序會改變，時間箱不是鐵板一塊，我們可以、也應該要，偶爾調整時間箱，相關內容請參見章第13章。

■你在規劃階段不知所措——覺得時間過去了卻沒有處理手上任務

只要稍加練習，你只需要花十五分鐘，就能安排好一天的時間箱。用十五分鐘，來交換順利度過十五小時，實在划算，相關內容請參見第9章。

■你沒有堅持到底——將時間箱排進行事曆，卻沒有完成

確定你挑選的任務適合當下的心境。請了解，那只是一件你要求自己做到的事。從帶你往正確方向前進的小事做起，並參考第18、19章。

■你沒有準時完成

請再次向自己保證，有科學和其他證據顯示這套方法有效（參見第2章）。你有沒有用務實的角度評估任務？（參見第12章）你有沒有調配速度，並快速完成任務？（參見第16章）你有沒有堅定抱持切實可行的「夠好」心態？（參見第17章）當你累積經驗，加上持之以恆，就能做細部調整，進入有成效的和諧狀態，持續地及時完成任務。

箱型時間的核心概念

關於時間箱，有沒有哪個核心概念，能讓你發自內心深信不疑？當你找出這個核心概念，你就更能堅守這套方法與心態。你也許已經找到，並對那個概念深信不疑。如果還沒找到，不妨考慮下列幾點：

- **主動性**：箱型時間的要點是，從我們無法掌控的眾多事物中，挑選出想發揮影響力的少數幾項，並且只對這些事物發揮影響力。我們無法控制事件的後續，我們只能決定要在何時做何事。箱型時間告訴我們要虛懷若谷，它也給我們力量。
- **更高層次的力量**：不論有沒有宗教信仰，人們有時會想接觸帶來安心感的高層次力量。箱型時間正是如此；那股高層次力量就是：稍早，狀態較佳的自己。
- **後設習慣**：箱型時間是統領一切的習慣。這項珍貴的後設習慣，可以幫你培養許多能應用於行事曆的其他寶貴習慣。
- **提高生產力**：許多證據顯示，這套方法可使生產力提高一倍。

你無法一夜之間學會、使用、適應任何一套新做法，我已經實行了十多年，現在仍在設法精進。現在的我比最初採用時更仰賴時間箱，原因是它在我身上太管用了，順帶一提，前面的表格我拿了二十一分。

這本書談的是出版時，關於箱型時間最先進的研究與做法。但不論哪一門學問，相關的概念、策略、工具會推陳出新。誠摯邀請各位讀者掃描左方 QRCode 訂閱新聞報「一次做一件事（One Thing at a Time）」。你每個星期都可收到一份電子報，提醒本書要點，並幫助你在需要時修正方向。這也是你能與我、其他箱型時間使用者直接交流的方式。

對我來說，選擇如何運用時間，比什麼都重要。箱型時間是我遇過最棒的方法，又或者說，它是我所能想像，幫助我們善用這項特權，去選擇過珍貴人生的最棒的方法。

訂閱電子報

本章回顧

■ 箱型時間不適用於某些情況，了解這點，對我們極有幫助。
■ 你要同時知道自己在箱型時間付出的心力，以及它帶來的好處。
■ 採用這套新做法會遇到困難，這時候要懂得接納自己。
■ 我列出了箱型時間的四項箱型時間核心概念，你也許有自己的想法。

想一想

■ 請回答本章兩張表格的所有問題。
■ 請使用「延遲傳送」功能，寄一封電子郵件給三個月後的自己，再填答一次。為你現在的填答結果做個紀錄（在郵件中記錄有幾題落在「是」），之後做比較，看看你有沒有進步。
■ 箱型時間的核心概念，哪一項讓你覺得最重要？還是你有其他想法？

結語

人工智慧（AI）與寫作

二〇二三年二月我簽下本書合約前，人工智慧成功吸引社會大眾的注意力。這種新穎的大型語言模型AI可以寫作、思考。特別是，ChatGPT很快就成為坐擁一億用戶的消費應用程式。突然之間，市面上出現在諸多方面比人們聰明的新智慧體。過往的人類幾乎是以高智商稱霸地球，現在這樣的主宰地位受到威脅，後續將如何發展？

有些專家預言，大型語言模型的崛起代表寫作與出版的終結。這項新科技確實可以辦到了不起的事。它可以在極短時間內，針對各種主題，拼湊出前後連貫的內容，這是連知名作家都望塵莫及的能力。我們很自然地認為，AI的寫作能力已與人類並駕齊驅或超越人類，或認為不久的將來AI將超越人類。

我認為，這樣推論很自然，卻不正確。儘管速度、博學、多產、全年無休、表面上有說服力，帶來諸多驚人的優勢，仍不足以取代深度思考、廣泛的情境融合、複雜的情緒理解，以及人類巔峰狀態的非凡才智。看見AI瞬間產出的完美文句與段落，確實令人驚訝得張大嘴，但只要往下繼續讀，你就會慢慢闔起嘴、回復原本的呼吸節奏，甚至無聊得神遊。

現在，至少在我寫書的二〇二三年秋季，在富含原創性和創意的思考及寫作方面，人類還是技高一籌。

運用箱型時間寫作

我把本書的每個撰寫環節都做成了時間箱。我的數位行事曆記錄了一切，內含「初步提案、初稿、編輯、會議、真實故事、題辭、授權、插圖、致謝、這篇結語」等諸多環節的時間箱。

具體來說，我是這樣運用箱型時間的：我打算用二十四週完成二十四章，每週一篇一千八百個英文字的文章。我用一份即時更新的計畫文件，來掌握各章撰寫進度，並在有好點子出現時，加入對應的欄位。我會在星期一晚上，工作結束後，檢視計畫和筆記，花整整六十分鐘思考：新觀點、參考書目、研究方向。接下來，給潛意識三晚睡眠沉澱，在星期四晚上，再花一小時準備，用條列的方式寫出各章細節。再經過兩晚睡眠，星期六一大早，我已準備好撰寫一章裡的三、四個小節，每一節用十五或三十分鐘的時間箱，集中精神一次完成。連同檢查和編輯，從頭到尾，共花三、四小時。然後我一定會在早上十點左右去跑步。跑步時，腦子裡通常會再冒出幾個點子。最後，花三十分鐘編輯，加入新點子，一章的初稿就這樣完成了。關鍵在，我從來不會坐下就寫。

在我駕輕就熟後，我開始安排一些休假時間，這個時候，我每一個星期可以寫出兩到三章。最後我用四個月時間密集寫出本書的四萬五千字初稿。出版社很高興得知我的進度提早了幾個月，這件事也再次證明箱型時間的威力。

現在，你手中的書就是箱型時間對我有用的證明。對你而言，最有力的證明會出現在「你」實際運用箱型時間的那一刻。

永恆

除了第23章，我相信本書的題材絕對會歷久彌新。

在寫完本書一陣子後，我發現「時間（Time）」是最常使用的英文名詞。至少二〇〇六年起，就是如此。許多詩作、電影、歌曲、部落格、書籍都以「時間」為主題，每使用或每閱讀五百個字（相當於兩頁），就會出現一次「時間」。這本書提到「時間」的頻率，更是比上面的資料高一點。

箱型時間邏輯完備。決定哪些事情重要、需要何時完成，並發揮專注力實際執行——這樣的邏輯道理無庸置疑，是不會消失的保證，是我們所需要的一切，而且非常充分。

我相信，時間和箱型時間是我們的守護者。

致謝

本書的寫成，整合了許多我最重視的生活特質，包括：善念、思考、開誠佈公、輕鬆心態、溝通、主動性。任何人對這本書施展影響力，即是對我的人生施展影響力，其影響之深遠，難以計算。僅在此向直接協助我完成本書的人士致上謝意。以下謝辭按時間順序書寫。

首先要感謝我的媽媽海倫．曹（Helen Zao）。我當然得要謝謝她賦予我生命，不過我更該對她生下我之後所做的一切表達感激，舉個小例子，謝謝她教我寫作、帶我認識優秀著作、以身作則鼓勵我從不同角度思考，也謝謝她泡薑茶、跟我聊天，謝謝她給我很棒的姊妹，謝謝她成為我一生的朋友。除此之外，尤其要感謝媽媽不辭辛勞幫忙校正本書。

感謝我的姊妹西碧（Sibyl）接受我從時間學到的第一課，也感謝她堅定不移的愛、支持、建議，以及她帶來的樂趣。

感謝多利安（Dorian）老師，帶領我從莎士比亞、田納西・威廉斯（Tennessee Williams），到伊恩・麥克尤恩（Ian McEwan），用更高深的角度，去理解語言和文學。我會永遠記得這位恩師。

我很幸運有幾位朋友，直接或間接提供了幫助我寫出本書的構想與經驗。謝謝瑞奇（Rich）和羅伯（Rob）帶來最美好的旅行、討論、沉思。謝謝福斯特曼（Fosterman）為Part2提供孵化的巢穴。謝謝金寶（Jimbo）提前支付代價，這也正是箱型時間的概念。謝謝荷西（José）鼓勵我思考、寫作和指引成年企業受眾，也謝謝你給我，關於「最初的自我」與「高層次力量」的概念。謝謝葛瑞格（Greg）這幾年來，在AI、學習與箱型時間等方面，帶給我前所未有、可說非常歡迎的智力挑戰。謝謝艾比恩（Albion）分享想法和深信我「絕對能寫出一本書來」。謝謝史蒂芬（Stephen）簡單、直爽的處事態度，自從你告訴我，我就將這兩點視為人生指引。謝謝彼得（Peter）提供非常不像企業家會給的鼓勵，同樣一點，也謝謝曼托（Manto）。謝謝譚欣（Tamsin）

提供非主流原創思想，並溫柔灌輸我在社群媒體展現自我的勇氣。謝謝朱莉（Julie）在我需要時給我幫助。

我也很幸運擁有能夠在寫作的世界幫上一把（或更多把）的朋友。艾德（Ed），謝謝你的引領，謝謝你在我需要時幫忙找資料，也謝謝你的骰子。派翠克（Patrick），謝謝你的文學創見，謝謝你的冒險之旅，也謝謝你帶來吉姆（Jim）。珍妮（Jenny），謝謝你的耶誕節作業、中文，以及你溫暖親切的關心。

我的家人在這將近一年的時間，每天幫助我和這本書。盧卡（Luka），你的自豪感幫助我在不同時刻燃起寫作的自信之火。艾亞（Aya），謝謝你用一大清早編輯文章，協助我問對的問題。法維安（Favian），你隨和的個性幫助我控制好箱型時間管理法。庫許（Ksush），謝謝你讓我看見，「古怪的才華」可以成為「認真守時」的替代方案。瑪蒂亞（Mattia），謝謝你的耐心和「riposino」。奧莉亞（Olya）和戴夫（Dave），謝謝你們的智慧和支持，尤其，你們身在哥斯大黎加。山姆（Sam），謝謝我們初次合作的計畫「6zer0」。馬洛（Marlowe），謝謝你在公園提供出色的書評。我的太太蘿拉（Lola），謝謝你的鼓勵、自由靈魂、隨興，以及你的愛、你對書稿的正面評價，而且我想，我開始看見，你正在緩緩地採納這套方法。

感謝Filtered過去與現在的團隊、董事會給予我撰寫這本書的空間，以及提供作為寫書基礎的經驗。這幾年來與你們互動，令本書素材更上層樓。特別感謝共同創辦人文恩（Vin）和克里斯（Chris），我和他們經歷許多事，他們的想法對我影響甚鉅。同樣感謝托比（Toby）的禪意和🖨，他也差不多是創辦人了，謝謝他跟我一樣是箱型時間的學生與老師。

《哈佛商業評論》的戴娜（Dana），謝謝你在幾年前，就願意冒險採用介紹箱型時間的文章，謝謝你的專業，也謝謝你在那之後持續與我愉快互動，很高興能與你共事。

感謝我在聯合經紀公司（United Agents）的文學經紀人吉姆·吉爾（Jim Gill），以忠誠、勇氣、幽默與成果，替我據理力爭。感謝同樣任職於聯合經紀的安柏·嘉維（Amber Garvey）成為過程中的堅強支柱。

感謝我在英國企鵝蘭登書屋（Penguin Random House）的新朋友。首先，謝謝卡洛琳娜（Karolina）發揮冒險精神與毅力找到我，讓這本書得以成真，謝謝你總是為我的想法提供各種具建設性的意見，不論那是好的、壞的，還是奇怪的想法。感謝寶拉（Paula）依照原貌，將本書重點放在生活，而非商業。感謝艾瑪（Emma）多次以非常正面的態度和充沛活力，處理最後一刻的編輯工作。感謝其他許多幫忙完成這本書，並將這本書介紹到許多國家的企鵝蘭登書屋同事。

感謝我在美國聖馬丁出版社（St Martin's Press）最近才認識的朋友們。那裡的團隊成員都非常優秀，我要特別感謝提姆．巴萊特（Tim Bartlett），有他一絲不苟、鉅細靡遺的編輯和關照，這本書才會像現在這樣品質明顯更好且減少兩章。

我要感謝以下幾位知名作家，包括：金．史考特（Kim Scott）、柏柳康（Luke Burgis）、凱莉．維爾葉（Karie Willyerd），謝謝他們與我慷慨分享寶貴的時間與珍貴的建議。我會試著追隨你們的腳步，給予後進作家相同的善意與協助。

特別感謝福格，鼓勵數百萬人將習慣變得微小而簡單，在培養習慣的領域引領我們。謝謝你不吝給予本書肯定，並指導我撰寫第19章。謝謝，Mahalo[23]！

感謝來自世界各地貢獻自身故事的箱型時間採用者。我透過網路接觸了許多對箱型時間發表意見的人，心想應該不會收到太多回應。事實上，我收到好幾十人的回饋。這件工作提醒了我，有時候，即使在大型數位社群媒體平台上，互不熟識的人們也能產生正向美好的聯繫。抱歉不是所有例子都能寫進書中，但我可以告訴大家，你們在本書扮

23夏威夷語的感謝。

演的角色，比你們所知道的還要重要。

順著這條時間序，我最後要感謝的人是你，本書的讀者。謝謝你努力重新思考時間的運用方式。至少，我和你在那樣的希冀與企圖上，產生了連結。

■ ■ ■ ■

某個炎熱的夏天午後，有兩個小女生一起坐在河邊。她們是蘿莉娜和她的妹妹愛麗絲。蘿莉娜正在念書給愛麗絲聽。愛麗絲覺得這本沒有插圖和對話的書好無聊，進入了深沉而奇妙的夢境。幾分鐘後，她醒過來，肚子很餓，匆匆忙忙跑去找茶喝。但蘿莉娜還待在屋外，聆聽朦朧夏日，由潺潺流水、昆蟲嗡鳴交織成的樂章。她離開河岸，漫不經心地到處閒晃，看見一條陽光拂照的紅磚路，順著路來到一座陌生花園，走進一間陌生屋子。屋內沒有其他人，門廳擺了一個沙漏，顯示還剩二十四小時。她再看一眼，結果只剩十三小時。事情不太對勁。她心臟怦怦跳。她走回屋外，快步奔跑，不確定該往哪裡去。她順著樹林投下的長影子奔跑，掠過高高的草叢和閃爍的螢火蟲，她被樹根絆倒，掉進一個好深的洞穴。

洞底一片漆黑。她伸出雙手，上下左右都是粗糙的泥土。這是一條隧道，但不知為何有點歪斜。她站起來，向前彎腰，但雙腿不按照她的指令移動。隧道裡有好多轉折處，她往上，再往上，又往下，再往下，又往左、往右、往左、往右，回頭，再開始走，然後停下腳步。她氣喘吁吁，暈頭轉向。她從眼角餘光看見，有東西在動，那是一隻小動物。是鴨子呢？還是兔子？她開始追那隻動物，突然間，她努力想要逃脫的隧道，上方突然展開，變成一個巨大的地底洞穴——那是一個附有跑道的競技場。有一群奇異的觀眾，正在為賽跑選手加油。賽跑選手是一隻兔子（還是野兔？）、一隻烏龜、一名希臘戰士。領先者烏龜，竟然是跑得最慢的選手，實在看不出誰會獲勝。蘿莉娜更仔細地觀察，但她無法分辨現在和之後的時間，甚至完全無法分辨時刻之間有無區隔。一種夾在中間的感覺吞沒了她，將她從地層和岩石之中拱起，掉進另外一個樹林。這片樹林跟果乾蛋糕一樣有好多東西，卻寂靜無聲，沒有野生動物，也沒有風。她旁邊的草地上躺著一本紅色的書。她拿起書本！就是那天下午念給妹妹聽的書，書名叫《回到賽跑場地》。打開的那一頁是第二四六頁。請回到那一頁或掃描左方 QRCode 繼續探險。

歡迎掃描，繼續探險

世界各地的箱型時間故事

以色列．特拉維夫▼▼▼

箱型時間既簡單又有效果，它透過整合「整體心態」與「對應行動」，來幫助我們發揮最佳認知表現。我們可以透過為特定任務安排具體的執行時段（即時間箱），有意識地為任務營造適合的整體心態，減少阻礙，使任務執行起來更輕鬆、更有生產力。拿為銷售簡報構想的腦力激盪為例。如果我們意識到任務的重點在創意、深度思考、敞開心胸、合作，那麼我們可以（也應該要）刻意採用不同的準備方式，包括：彙整相關資訊、移除干擾因素、提醒自己要敞開心胸和主動聆聽、拋開批判性思考的心態、確保心情愉快（心情和創意之間的關聯可能會引起爭議，不過目前已經確立了）。

當活動結合適合該活動的整體心態，人們將會完整釋放認知潛力，更精準、有效地完成任務，並且更有成就感。

——摩舍．巴爾教授，國際知名認知神經科學家，
《開始分心》（Mindwandering）作者

中國．成都市錦江區▼▼▼

我在大城市經營成長中的瑜伽健身事業，箱型時間是我們得以管理數間練習室的課程的重要工具。這套方法不僅有益課程協調，還能確保不同教練有一致教學品質。許多瑜伽學員分享，採用箱型時間——尤其是把瑜伽課安排在一大早——幫助他們在家庭和工作方面，提高精力和一天的專注力。

我的工作和個人生活都更和諧、更有成就，與箱型時間的好處息息相關。

——丁蔚雯，輕柔瑜伽會館（Soft Yoga Studios）負責人

中國・成都市▼▼▼

在中國，原型產品設計是個繁忙的領域，要維持清晰的思緒並不容易。根據我的經驗，箱型時間是連接效率和正念的橋樑。

在這個求新求變的職場上，攪成一團的企劃和截止期限一下子就把人壓垮了。但箱型時間將任務分隔開來，帶你把注意力放在當下。這套方法不只給你順暢的工作流程，它還能讓你安心和專心。就像正念教我們要活在當下，箱型時間將我們的精力導向手邊任務，減少零散念頭和它們帶來的焦慮感。

——張馳洋，阿奇書店（AA Bookstore）老闆

西班牙・巴塞隆納▼▼▼

我有一個共享行事曆，我會跟太太在上面同步更新工作和個人行事曆。我將重複活動設定成一套每週固定行程。每天：早上十五分鐘瑜伽＋三十分鐘健身、

查看新聞和社群媒體、陪伴小孩。每週：撰寫摘要和電子報、製作圖表、與太太共進午餐、與孩子一起從事一項活動。

發生意外狀況時，我會調動時間箱。例如，如果我某天一早有事無法查看文章，我知道需要三十分鐘來做這件事，我會用接下來的可用時間補上。

我也使用 Todoist 清單，來記錄當週想做但不一定要完成的事，等有空閒時間，再從清單上挑一件事情，用三十到六十分鐘處理。我會視任務調整，在做三十到六十分鐘後，休息五到十分鐘——通常是走到廚房或屋外。

做需要專心的工作時，我會把手機放到其他房間，讓我無法在想看手機時，一下子就能拿到。而且晚上七點以後，我會把手機放進衣櫥讓它「睡覺」，專心陪小孩。隔天早上五點，我才會去拿手機。除了這些，我有小孩、工作，而且我還會自己讓自己分心，所以這仍然絕非「完美受控」的生活。

——羅伯托・費拉羅（Roberto Ferraro），
凱克薩銀行（CaixaBank）業務整合總監

西班牙・巴塞隆納 ▼▼▼

我是忙著管理眾多客戶與專案的自雇業者，我覺得要是少了箱型時間，我很難有效率地經營事業。六年多前，離開上一份坐辦公室的工作後，我很快就意識到，我永遠無法做完列在待辦清單的事。我需要想出更好的時間管理方式，於是我開始劃分時段，在特定時段進行特定任務——直到最近我才曉得，這套方法有名字！我非常支持「工作時不受干擾」的概念——進入工作模式後，我通常會關掉手機。這個概念加上箱型時間，價值無窮。

——譚欣・艾薩克斯（Tamsin Isaacs），
認識好社群（Know Good Social）創辦人

法國・巴黎 ▼▼▼

我以前在大型軟體公司擔任幾個單位的主管。面臨危機或狀況時，有相關記錄，讓我在被提問時可以回憶事件，或提出決策理由，這點幫助很大。我有太多事情要處理，不可能每件事情都記得，所以我用箱型時間幫我記憶。

——娜迪雅．吉奎－瑞安（Nadia Gicqueau-Ryan），企管碩士，企業變革、靈活性與轉型領袖

英國．杜倫▼▼▼

採用箱型時間最大的好處，也是目前幫助我工作的好處，是我可以從一直變長的待辦清單上，把某項活動移到優先處理檔案櫃，也就是我的行事曆。這樣一來我就安心了。我知道，等到那項任務需要關注時，再去處理即可。

舉例來說，我了解某件任務的緊急程度，並且知道我得在某個時候處理它，我會把它排入行事曆，確切知道我會在該做事的時候，處理這個議題或任務。現在的人都有太多事情要處理，箱型時間帶我輕鬆應對諸事。

但它不只對工作有幫助，我和團隊成員也會在時間箱裡頭，添加重要的生活事件，像是：自學、反思、陪伴孩子和家人的時間、午餐、家事（我很喜

歡！），甚至遛狗！

——李・沃德曼（Lee Wardman），
地平線公司（Horizons）歐洲、中東、非洲地區業務開發經理

美國・紐約市▼▼▼

箱型時間的重點就在行動，所以，針對擔心不知該製作時間多長的時間箱，而無法開始行動的人，我的建議是開始就對了。用它當做測試的基準點，並且從你歸類為低風險的任務著手。然後花點時間思考這次經驗，並要求自己從中學習，以及運用所學幫助你製作下一次的時間箱。這個練習的重點在透過尋找平衡點，要求自己堅持下去。別讓你對完美的恐懼，阻止你變得更好。

——珍娜・卓普金（Jenna Drapkin），
教育科技公司 Degreed 全球客戶成功部門副總裁

美國．密西根州安娜堡▼▼▼

為重要的事設定截止期限：重要但不緊急的業務開發計畫，很容易一延就是幾個星期，甚至好幾個月。你可以設定某種截止期限，這樣就會優先關注這項計畫，計畫就不會被擱置。

拆分計畫：要在不同時程完成許多步驟的大型任務，不僅要設定最終截止期限，還要設定中途的短期截止期限。這麼做可以避免拖延，並且在特定環節花費時間超過預期的時候，幫助大家調整心中的期待。

——伊莉莎白．葛瑞絲．桑德斯（Elizabeth Grace Saunders），時間管理教練與作家

美國．奧勒岡州尤金市▼▼▼

箱型時間對我最大的好處是，它協助我定立務實的優先順序，並堅持執行。

簡單的待辦清單不會寫任務要花多久時間，所以我很容易過度投入，並事後懊惱。有了箱型時間管理法，我可以清楚掌握一天有多少時間，視需求分配。如果有太多事情要排進這天，我就知道該重新評估優先順序了。

——費特梅・法赫萊（Fatemeh Fakhraie），
西北社區信用合作社（Northwest Community Credit Union）行銷經理

美國・波士頓 ▼▼▼

我是新手爸媽，與合夥人創立一間正在成長擴大的公司，箱型時間在我的生活中扮演非常重要的角色。我要照顧寶寶，還要優先考量家庭時間和三餐，我知道，我得在行事曆上劃分時間箱區段，並將工作、創意、電腦活動安排進去。

這些界線相當有幫助，因為它們讓我知道，如果我想要把事情做完，就需要在那段時間完成。知道要是沒有在時限內準時完成，排在後面的項目會受連帶影響，這點帶給我莫大的動力。

——亞當．費雪曼（Adam Fishman），
歐諾拉公司（Onora）共同創辦人

美國．科羅拉多州丹佛市▼▼▼

我用箱型時間幫助自己維持專注和生產力。我每天做兩個六十分鐘的時間箱來處理電子郵件，避免開會時被打擾。我也會把對生活福祉很重要的活動做成時間箱，像是：一起床就做三十分鐘的力量訓練，以及在一天展開前先去跑步。這幫助我好好休息和維持健康與活力，讓我工作起來更有成效。

——拉波．莫里（Lapo Mori），
麥肯錫公司（McKinsey & Company）合夥人

義大利・米蘭 ▼▼▼

身為設計師，你很容易在追求難以捉摸的完美概念時，陷入無止境的微調循環。話說回來，在高級時尚圈設計奢侈科技產品將近十年，我學到，想要快速又有效率地工作，關鍵在動態調整箱型時間。在這個瞬息萬變的產業，過長的生產週期並不適合，而且反應和主動一樣非常重要。我不是採用靜態的時間限制，而是根據企劃的限制和變化中的需求，使用可調整的多變化時間箱。這種彈性做法確保我在對的時間，將最適當的任務排在優先順位，並將焦點放於該項任務。

我們的工作室能快速執行企劃，透過連續的初步設計協作流程，來實現團隊內部協調，在快速出貨的同時，兼顧設計願景的完整精髓。我們會在後續階段聆聽客戶的意見，以便快速反覆修改，雕琢細節。是的，奢侈品要求完美，但也看重速度與新穎。我們利用動態時間箱達到這兩項要求，並且掌握瞬間即變的趨勢，同時維持無可妥協的品質標準。要像蝴蝶般輕盈飄浮，像蜜蜂般快速出貨！

——丹尼爾・拉扎里（Daniel Lazzari），
布雷桑設計工作室（Bressan Design Studio）執行藝術總監

盧安達・基加利市 ▼▼▼

箱型時間徹底改變了我的每週工作安排。它給我既有條理又一致的遵循架構，幫助我有效管理時間。採用箱型時間以後，我的生產力大幅提高、壓力減少，並且更專注於最關鍵的增值任務。箱型時間的好處不只體現在我身上，我的工作團隊也在採用這套方法後，看見團隊效率明顯提高。

我們是全球化的人才資源團隊，成員分別位在：加拿大、塞內加爾、迦納、盧安達、烏干達、肯亞、南非。有時候，為了完成大量的人才招募活動，必須得要挑戰長時間工作。不是所有團隊成員或組織內其他同事，都能隨時查看行事曆，所以有時候會重複預訂會議或發生會議時間重疊。傳統待辦清單在處理這些問題時有缺點。後來我們使用 Outlook 共享行事曆，這種數位化時間箱是很有用的解決方案，讓我們得以排定優先任務、清楚知道目標、運用特定時段完成重要活動。

——卡蘿・洪東加（Carol Hondonga），
萬事達卡基金會（Mastercard Foundation）全球人才總監

國家圖書館出版品預行編目 (CIP) 資料

箱型時間：高速時代的 15 分鐘深度專注力 / 馬克．曹
- 桑德斯 (Marc Zao-Sanders) 著；趙盛慈譯. -- 初版
. -- 臺北市：三采文化股份有限公司，2025.1
面； 公分. -- (iLead)
ISBN 978-626-358-530-0(平裝)

1.CST: 時間管理 2.CST: 工作效率 3.CST: 成功法

494.01 113015242

suncolor 三采文化

iLead 18

箱型時間

高速時代的 15 分鐘深度專注力

作者｜馬克・曹－桑德斯　譯者｜趙盛慈
編輯五部 主編｜黃迺淳　版權選書｜杜曉涵
美術主編｜藍秀婷　封面設計｜方曉君
行銷協理｜張育珊　行銷企劃專員｜徐瑋謙
內頁編排｜中原造像股份有限公司　校對｜周貝桂

發行人｜張輝明　總編輯長｜曾雅青　發行所｜三采文化股份有限公司
地址｜台北市內湖區瑞光路 513 巷 33 號 8 樓
傳訊｜TEL: (02) 8797-1234　FAX: (02) 8797-1688　網址｜www.suncolor.com.tw
郵政劃撥｜帳號：14319060　戶名：三采文化股份有限公司
本版發行｜2025 年 1 月 17 日　定價｜NT$480

suncolor

suncolor